“十四五”高等职业活页式系列规划教材

单片机应用技术项目化教程

DANPIANJI YINGYONG JISHU XIANGMU HUA JIAOCHENG

主编　吉武庆　江　涛

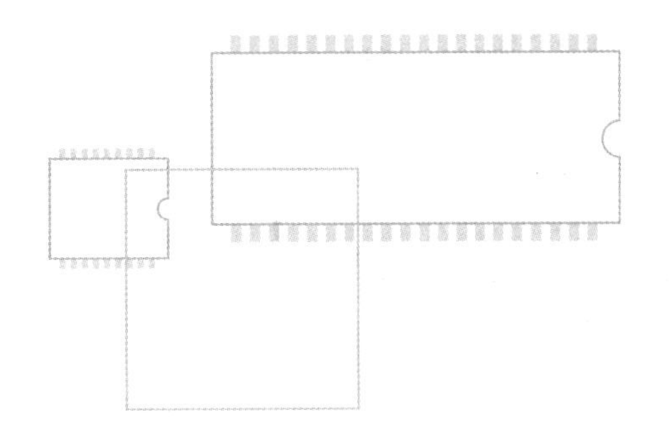

西北大学出版社
·西安·

图书在版编目(CIP)数据

单片机应用技术项目化教程/吉武庆,江涛主编.
—西安:西北大学出版社,2022.5
ISBN 978-7-5604-4935-7

Ⅰ.①单… Ⅱ.①吉… ②江… Ⅲ.①单片微型计算机—教材 Ⅳ.①TP368.1

中国版本图书馆CIP数据核字(2022)第078242号

单片机应用技术项目化教程

主　　编　吉武庆　江　涛
出版发行　西北大学出版社
地　　址　西安市太白北路229号
邮　　编　710069
电　　话　029-88303059
经　　销　全国新华书店
印　　装　西安市金雅迪彩色印刷有限公司
开　　本　787mm×1092mm　1/16
印　　张　12.75
字　　数　294千字
版　　次　2022年5月第1版　2022年5月第1次印刷
书　　号　ISBN 978-7-5604-4935-7
定　　价　49.00元

前　　言

《单片机应用技术项目化教程》详细介绍了 MCS－51 系列单片机的硬件结构及工作原理，包括 MCS－51 系列单片机的并行输入/输出口、中断、定时/计数器、串行通信及接口电路原理等基本内容，以及 LED 静态显示、动态显示、独立键盘检测、行列式键盘检测、LCD 显示器件、A/D、D/A 等应用方法，最后介绍了两个综合工程应用实例，展示单片机解决实际工程问题的开发技术。

本书以 Keil 集成开发环境和 Proteus 仿真软件为教学开发设计平台。利用 Protues 进行单片机软硬件仿真教学，可通过在仿真电路中完成程序的调试和交互运行，完成单片机各部件及工程应用的学习，将教学融于实践，让学生感知所编程序的实际效果，从而更好地掌握所学知识。运用 Keil 集成开发环境提供的单片机 C 语言程序设计平台，将单片机编程从汇编语言编程转向 C 语言编程，提高单片机应用系统程序开发的可移植性和可读性，并为学习嵌入式器件的开发打下坚实的基础。

本书以完成单片机系统的开发设计为目的，从实际开发与应用入手，以实践过程和工程项目为主导，精心设计了若干个教学项目，每个项目由多个任务组成。在内容编排上由浅入深、循序渐进。从 51 单片机基础知识、软件的使用，到单片机内部单元的实现，再到单片机外围扩展，最后到单片机项目开发和设计，这样的编排符合初学者学习 51 单片机的学习规律，也让读者可以根据自己的情况选择阅读。

本书由陕西工业职业技术学院吉武庆、江涛担任主编。吉武庆编写模块六、七、八章，江涛编写模块一、二、三章及附录，陕西工业职业技术学院杜晓岚编写模块四、五章。本书可作为高职高专电类专业单片机教学的教学用书，适合具有数字电子技术和 C 语言基本知识的初学者使用，也可供机械等专业的工程技术人员从事与单片机有关项目开发的学习参考。

由于作者水平有限，书中错漏之处在所难免，在此真诚欢迎读者多提宝贵意见，以期不断改进。

编　者

2022 年 2 月

目 录

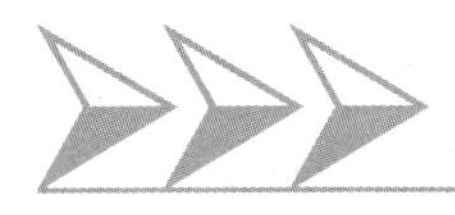

模块一　单片机应用系统入门

随着计算机技术的飞速发展,微型计算机的应用已渗透到我们生产、生活的各个领域。单片微型计算机作为微型计算机的重要分支之一,以其可靠性高、控制功能强、体积小、价格低等优点得到了广泛应用,对各行各业的技术改造和产品更新换代起到了重要的推动作用,是一种非常活跃且颇具生命力的机种。

本模块主要介绍计算机相关的基本知识、单片机的结构特点及单片机系统仿真工具 Proteus 的应用,为后续的学习做一铺垫。

1.1　电子计算机发展概述

1.1.1　电子计算机的诞生及其结构

1946 年 2 月 14 日,世界上第一台电子计算机 ENIAC(Electronic Numerical Integrator and Computer)在美国宾夕法尼亚大学的实验室诞生,标志着计算机时代的到来。它的问世开创了计算机科学技术的新纪元,对我们的生产和生活方式产生了巨大而深远的影响。

在研制 ENIAC 的过程中,数学家冯·诺依曼提出了“程序存储”和“二进制运算”的思想,并进一步构建了计算机由运算器、控制器、存储器、输入设备和输出设备组成的计算机经典结构,如图 1.1 所示。

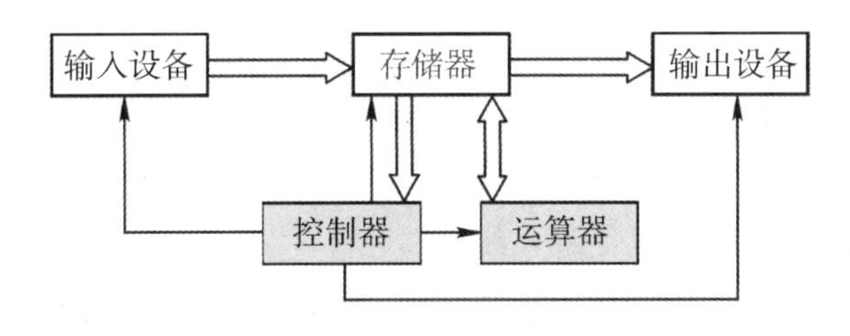

图 1.1　计算机经典结构

计算机自诞生至今,已经历电子管计算机、晶体管计算机、集成电路计算机、大规模集成电路计算机和超大规模集成电路计算机五个时代,但计算机的结构依然没有突破冯·诺依曼构建的计算机经典结构。

1.1.2　微型计算机的组成及其应用形态

1. 微型计算机的组成

随着大规模集成电路技术的不断发展,将控制器和运算器集成在一块芯片上,这种具有中央处理器(CPU)功能的大规模集成电路器件被统称为微处理器(Micro Processor Unit, MPU)。MPU 是计算机进行计算、判断及控制的中心器件,是“计算机的心脏”。

微处理器、存储器加上 I/O 接口电路组成了微型计算机,各部分通过总线相连,如图 1.2 所示。

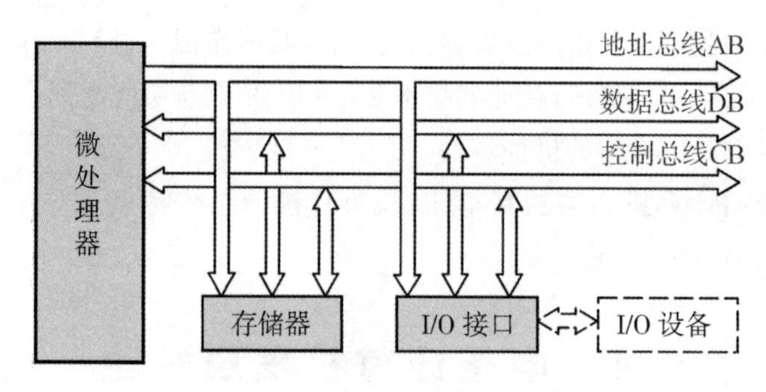

图 1.2　微型计算机的组成

所谓总线(Bus)是指连接多个部件的公共信息通路,即多个部件之间的公共连线。按总线上传送信息内容的不同,总线可分为数据总线 DB(Data Bus)、地址总线 AB(Address Bus)和控制总线 CB(Control Bus)。

在微型计算机基础上,再配以系统软件和 I/O 设备,便构成了完整的微型计算机系统,简称微型计算机。

2. 微型计算机的主要应用形态

微型计算机的主要应用形态有两种:多板机(系统机)和单片机。

(1)多板机(系统机)。

多板机是将微处理器、存储器、I/O 接口电路和总线接口等组装在一块微机主板上,再通过系统总线和其他外设适配板卡连接键盘、显示器、软/硬盘驱动器等设备。各种适配板卡插在主板的扩展槽上,并与电源、软/硬盘驱动器等装在同一机箱内,再配上系统软件,就构成一台完整的微型计算机系统,简称系统机。

现在广泛使用的个人计算机(PC 机)就是典型的多板微型计算机。系统机的人机界面好、功能强、软件资源丰富,通常用于办公或科学计算,现已成为各领域中最为通用的工具,属于通用计算机。

(2)单片机。

将微处理器、存储器、I/O 接口等一些计算机的基本功能部件集成到一块电路芯片上,从而构成的单芯片微型计算机(Single Chip Computer),简称单片机。尽管它只是一块集成芯片,但是它具有一部完整计算机的主要功能电路。

单片机也被称为微控制器(Micro Controller),是因为它最早被用在工业控制领域。单片机是由芯片内仅有CPU的专用处理器发展而来的,最早的设计理念是通过将大量的外围电路和CPU集成在一块芯片中,使计算机系统变得更小,更容易集成到对体积要求严格的控制设备中。

图1.3为微型计算机两种主要应用形态的对比。

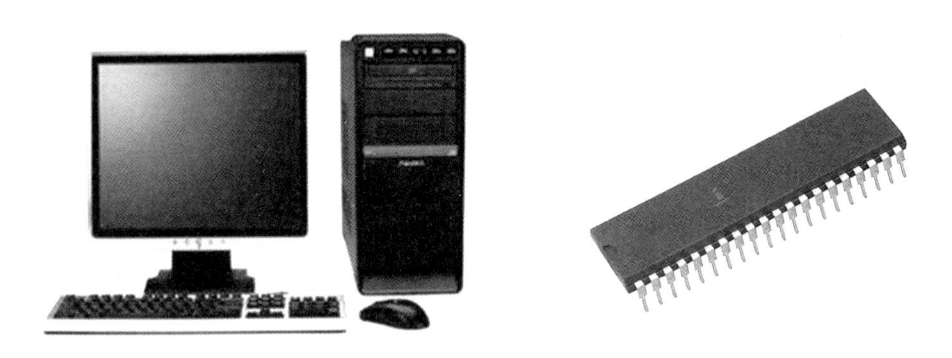

图1.3　微型计算机的主要应用形态

计算机最初的设计目的是为了提高计算数据的速度和完成海量数据的计算。人们将完成这种任务的计算机称为通用计算机。

随着计算机技术的不断发展,计算机在工业控制及逻辑处理方面也具有非凡的能力。在控制领域中,人们更多地关心计算机的低成本、小体积、运行的可靠性和控制的灵活性。特别是智能仪表、智能家电、智能办公设备、汽车及军事电子设备等应用系统要求将计算机嵌入到这些设备中。嵌入到控制系统(或设备)中,实现嵌入式应用的计算机称为嵌入式计算机,又称为专用计算机。

嵌入式应用的计算机可分为嵌入式微处理器(如386EX)、嵌入式DSP处理器(如TMS320系列)、嵌入式微控制器(即单片机,如80C51系列)及嵌入式片上系统SOC。

单片机控制功能强、体积小、可靠性高,其非凡的嵌入式应用形态具有独特的优势。目前,单片机应用技术已经成为电子应用系统设计中最为常用的技术手段,学习和掌握单片机应用技术具有重要的现实意义。

综上所述,微型计算机的发展正趋于两个方向:一是以系统机为代表的通用计算机,致力于提高计算机的运算速度,在实现海量高速数据处理的同时兼顾控制功能;二是以单片机为代表的嵌入式专用计算机,致力于计算机控制功能的片内集成,在满足嵌入式对象测控需求的同时兼顾数据处理能力。

1.1.3　单片机的发展概况

单片机技术发展十分迅速,产品种类已十分丰富。纵观整个单片机技术发展过程,可以分为以下三个主要阶段。

1. 单片机形成阶段

1976 年,Intel 公司推出了 MCS－48 系列单片机。此系列基本型产品在片内集成有:

· 8 位 CPU;

· 1KB 程序存储器（ROM）。

· 64B 数据存储器（RAM）。

· 27 根 I/O 线和 1 个 8 位定时/计数器。

· 2 个中断源。

此阶段的主要特点是:在单个芯片内完成了 CPU、存储器、I/O 接口、定时/计数器、中断系统、时钟等部件的集成,但存储器容量较小,寻址范围小(不大于 4K),无串行接口,指令系统功能也不强。

2. 性能完善提高阶段

1980 年,Intel 公司推出 MCS－51 系列单片机。此系列基本型产品在片内集成有:

· 8 位 CPU。

· 4KB 程序存储器(ROM)。

· 128B 数据存储器(RAM)。

· 4 个 8 位并行接口、1 个全双工串行接口和 2 个 16 位定时/计数器。寻址范围为 64K,并集成有控制功能较强的布尔处理器以完成位处理功能。

· 5 个中断源,2 个优先级。

此阶段的主要特点是:结构体系已较为完善,性能大大提升,面向控制的特点进一步突出。现在,MCS－51 已成为公认的单片机经典机种。

3. 微控制器化阶段

1982 年,Intel 公司推出 MCS－96 系列单片机。此系列单片机在芯片内集成有:

· 16 位 CPU。

· 8KB 程序存储器(ROM)。

· 256B 数据存储器(RAM)。

· 5 个 8 位并行接口、1 个全双工串行接口和 2 个 16 位定时/计数器。寻址范围最大为 64K。片上还有 8 路 10 位 ADC、1 路 PWM(D/A)输出及高速 I/O 部件等。

此阶段的主要特点是:片内面向测控系统的外围电路增强,使单片机可以方便灵活地应用于复杂的自动测控系统及设备中。因此,“微控制器”的称谓更能反应单片机的本质。

虽然 16 位及 32 位单片机已经出现,但目前各应用领域大量需要的仍是 8 位单片机,因此各厂商纷纷推出高性能、大容量、多功能的新型 8 位单片机,单片机正朝着高性能和多品种发展。但由于 MCS－51 系列 8 位单片机仍能满足绝大多数应用领域的需要,可以肯定,以 MCS－51 系列为主的 8 位单片机在当前及以后相当一段时间内仍将占据单片机应用的主导地位,所以本书以 MCS－51 单片机为对象,介绍其内部结构、工作原理与接口方法等。

1.1.4　单片机的特点及应用领域

1. 单片机的特点

单片机的结构及性能特点如下：

(1)控制功能强。为了满足工业控制要求，一般单片机的指令系统中都有很强的 I/O 接口操作、逻辑处理及位处理功能。

(2)集成度高、体积小、有很高的可靠性。单片机将各功能部件集成在一块芯片上，内部采用总线结构，减少了各芯片之间的连线，大大提高了单片机的可靠性与抗干扰能力。加之其体积小，对于强磁场环境易于采取屏蔽措施，适合在恶劣环境下工作。

(3)单片机的系统配置和扩展较为典型和规范，容易构成各种规模的应用系统。

(4)优异的性能价格比。

因为单片机具有上述众多优点，所以在生产生活的各个领域都得到了广泛的应用。

2. 单片机的应用领域

单片机的应用打破了传统的设计思想，原来很多用模拟电路、数字电路和逻辑部件来实现的功能，现在均可以使用单片机和较少的外围电路来完成，近年来单片机在各种领域都获得了极为广泛的应用。大致可分为以下几个方面。

(1)智能化仪器仪表。用单片机改造传统的测量、控制仪器仪表，使其数字化、智能化、多功能化和微型化，使测量仪表中的误差修正和线性化处理等难题迎刃而解。由单片机构成的智能仪表集测量、处理和控制功能于一身，是仪器仪表更新换代的标志。

(2)机电一体化产品。机电一体化产品是指集机械技术、微电子技术和计算机技术于一体，具有智能化特征的机电产品。将单片机作为机电产品中的控制器，可使传统的机械产品结构简单化、控制智能化，构成了新一代的机电一体化产品。如机器人、数控机床、医疗设备、打印机、复印机等。

(3)测控系统。用单片机可以构成各种工业控制系统、自适应控制系统和数据采集系统等。例如温湿度的自动控制、锅炉燃烧的自动控制、包装生产线的自动控制等。

(4)计算机网络及通信技术。高档单片机集成有通信接口，为单片机在计算机网络与通信设备中的应用提供了良好的条件。例如用 MCS－51 系列单片机控制的串行自动呼叫应答系统、列车无线通信系统等。

(5)家用电器。由于单片机逻辑判断和控制功能强、价格低廉、体积小，且内部具有定时器/计数器，家用电器中也有广泛使用。如电视机、洗衣机、电冰箱、微波炉、高级智能玩具等配上单片机后，功能增加的同时自动化程度也得以提高，单片机正在使我们的生活变得更加方便、舒适、丰富多彩。

另外，交通领域中汽车、火车、飞机、航天器上均有单片机广泛应用。如汽车自动驾驶系统、航天测控系统等。

1.1.5 单片机的发展趋势

1. 微型化

芯片集成度的提高为单片机的微型化提供了可能。随着贴片工艺的出现,使用双列直插式等封装形式的单片机也开始采用符合贴片工艺的封装,大大减小芯片的体积,为嵌入式系统提供了可能。

2. 低功耗

现在单片机的功耗越来越低,很多单片机都设置了等待、暂停、睡眠、空闲、节电等多种工作方式。扩大电源电压范围以及在较低电压下仍然能工作是当今单片机发展的目标之一。目前一般单片机都可在3.3 ~5.5 V 的电压下工作,一些厂家已生产出可以在2.2 ~6 V 电压下工作的单片机。

3. 高速化

早期 MCS－51 单片机的典型时钟为 12 MHz,目前西门子公司的 C500 系列单片机(与 MCS－51 兼容)的时钟频率为 36 MHz;EMC 公司的 EM78 系列单片机的时钟频率高达 40 MHz;现在已有更快的 32 位 100 MHz 的单片机产品出现。

4. 集成更多资源

单片机在内部已集成了越来越多的部件,这些部件包括一些常用的电路,例如,定时器、比较器、A/D 转换器、D/A 转换器、串行通信接口、Watchdog 看门狗电路等。有的单片机为了构成控制网络或形成局部网,内部含有局部网络控制模块,甚至将网络协议固化在其内部。

1.1.6 MCS－51 单片机的学习

单片机问世至今已有 30 多年,在各个领域都发挥了非常重要的作用。单片机与应用系统的结合,极大地提升了应用系统的功能和性能。单片机技术门槛较低,是一种适合大众掌握的先进技术,因此本科及职业技术院校都开设了 51 单片机的课程。

在单片机的学习过程中应注重理论与实践相结合,传统的单片机实践受实验器材数量及试验板项目固定等因素的限制,常常很难使每位学习者都能得到充分的实践机会。单片机仿真设计软件 Proteus 的出现克服了上述限制。Proteus 可作为单片机应用的重要开发工具,用户只需在 PC 上即可获得接近全真环境下的单片机技能培训,为学习者提供了极大的便利。

因此,本书在编排上采用了将 Proteus 仿真设计方法与 51 单片机传统内容有机结合的思路,以便学习者能真正掌握单片机的实用开发技术。

1.2　单片机学习的预备知识

与通用计算机一样，单片机也采用的是二进制，学习者须具备必要的数制转换和逻辑门关系等基础知识。为此本节仅从学习单片机需要的角度出发，对二进制数和逻辑门关系进行简要介绍，以便为未具备这部分知识的读者进行补充，如果你已掌握这方面的知识，可跳过本节内容直接进行下一节的学习。

1.2.1　数制及其转换

1. 数制

数制是用一组固定的符号和统一的规则来表示数值的科学计数法。学习数制须先掌握数码、基数和位权 3 个概念。

数码：数制中表示基本数值大小的不同数字符号。例如，十进制有 10 个数码，分别为 0、1、2、3、4、5、6、7、8、9；二进制有 0 和 1 两个数码。

基数：数制所使用数码的个数。例如，二进制的基数为 2，十进制的基数为 10。

位权：数制中某一位上的 1 表示数值的大小（所处位置的权值）。例如，十进制的 123，1 的位权是 100，2 的位权是 10，3 的位权是 1。

计算机学习中常用的数制有以下三种：

(1) 十进制　N_D

符号集：0 ~ 9

规则："逢十进一，借一当十"；

十进制数可用加权展开式表示，例如：

$123 = 1 \times 10^2 + 2 \times 10^1 + 3 \times 10^0$

其中，10 为基数，0 ~ 9 为各位加权数，其一般表达式为：

$N_D = d_{n-1} \cdot 10^{n-1} + d_{n-2} \cdot 10^{n-2} + \cdots + d_1 \cdot 10^1 + d_0 \cdot 10^0$

(2) 二进制　N_B

符号集：0、1；

规则："逢二进一，借一当二"；

二进制数可用加权展开式表示，例如：

$101B = 1 \times 2^2 + 0 \times 2^1 + 1 \times 2^0$

其中，2 为基数，0 和 1 为各位加权数，其一般表达式为：

$N_B = b_{n-1} \cdot 2^{n-1} + b_{n-2} \cdot 2^{n-2} + \cdots + b_1 \cdot 2^1 + b_0 \cdot 2^0$

(3) 十六进制　N_H

符号集：0 ~ 9、A ~ F；

规则："逢十六进一，借一当十六"；

十六进制数可用加权展开式表示。例如：

$$F9BH = 15 \times 16^2 + 9 \times 16^1 + 11 \times 16^0$$

其中，16 为基数，0 ~ 15 为各位加权数，其一般表达式为：

$$N_H = h_{n-1} \cdot 16^{n-1} + h_{n-2} \cdot 16^{n-2} + \cdots + h_1 \cdot 16^1 + h_0 \cdot 16^0$$

在阅读和书写不同数制的数时，如果不在每个数上外加一些辨认标记就会混淆，无法分清。通常使用的标记方法有两种：

一种是把数加上方括号，并在方括号右下角标注数制代号，如[110]16、[110]2 和[110]10 分别表示十六进制、二进制和十进制数；

另一种是用英文字母标记，加在被标记数的后面，分别用 B、D、H 大写字母表示二进制、十进制、十六进制，如 45H 为十六进制数、110B 为二进制数等，其中十进制中的 D 标记可以省略。

2. 数制间的转换

在计算机内部，数的表示形式是二进制，这是因为二进制只有 0 和 1 两个数码，采用晶体管的导通和截止，脉冲的高电平和低电平等都很容易表示。此外，二进制数运算简单，便于用电子线路实现。计算机采用的是二进制，但日常生活中我们更习惯使用十进制，下面我们就来讨论不同数制间的相互转换。

(1) 十进制数转换为二进制数。

整数和小数部分需分别进行转换。

①十进制整数转换为二进制整数的常用方法。

用 2 连续去除要转换的十进制数，直至商为 0 为止，然后将各次余数按最后得到的为最高位，最先得到的为最低位依次排列，所得到的数便是转换后的二进制数，即“除 2 取余法”。

【例 1.1】将十进制数 25 转换成二进制数。

解：

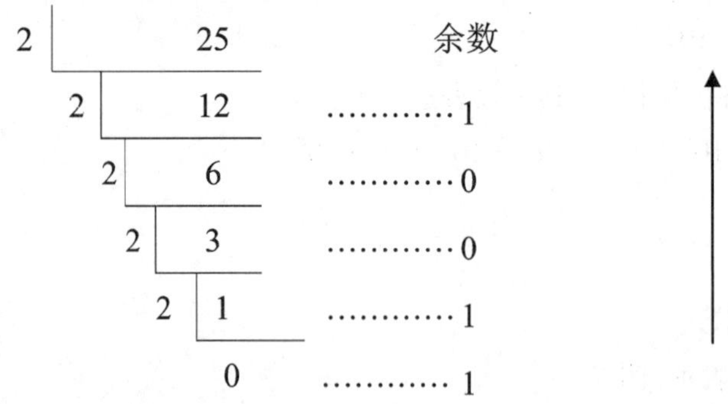

```
2 | 25          余数
   2 | 12  ............ 1    ↑
     2 | 6  ........... 0    |
       2 | 3  ......... 0    |
         2 | 1  ....... 1    |
             0  ....... 1    |
```

故 $(25)_{10} = (11001)_2$

②十进制小数转换为二进制小数的方法。

用 2 连续去乘要转换的十进制小数，直到所得积的小数部分为 0 或满足所需的精度为止。然后将各次整数按最先得到的为最高位、最后得到的为最低位依次排列，所对应的数便是转换后的二进制小数，即“乘 2 取整”法。

【例 1.2】将十进制数 0.8125 转换成二进制数。

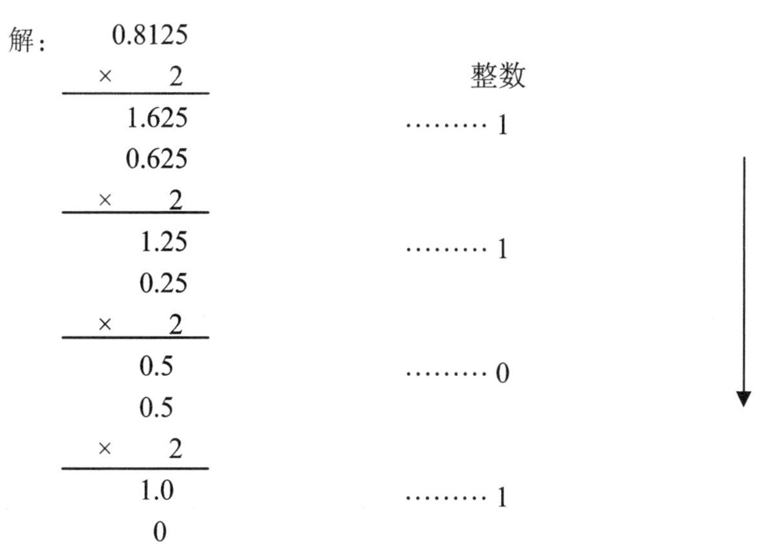

故　$(0.8125)_{10}=(0.1101)_2$

注意：当十进制小数不能用有限位二进制小数精确表示时，如$(0.6)_{10}=(0.10011001\cdots)_2$，可根据精度要求取有限位二进制小数近似表示。

(2)二进制数转换为十进制数。

将二进制数转换为十进制数，只需按位权展开求累加和即可。

【例1.3】把二进制数11001.0101转换为十进制数。

解：

$$\begin{aligned}11001.0101\text{B} &=1\times2^4+1\times2^3+0\times2^2+0\times2^1+1\times2^0+0\times2^{-1}+1\times2^{-2}+0\times2^{-3}+1\times2^{-4}\\ &=16+8+0+0+1+0+0.25+0+0.0625\\ &=(25.3125)_{10}\end{aligned}$$

故　$(11001.0101)_2=(25.3125)_{10}$

十六进制数转换成十进制数和二进制数转换成十进制数的方法类似，即把要转换的十六进制数按权展开后相加即可。十进制整数转换成十六进制整数与十进制整数转换成二进制整数的方法类似，可以采取“除16取余数法”。十进制小数转换成十六进制小数的方法类似于十进制小数转换成二进制小数，可采用“乘16取整法”。

综上所述，任意进制数与十进制数转换的一般方法如下所示：

按权展开求累加和

任意进制数 ⇄ 十进制数

整数：除基数取余，逆序排列

小数：乘基数取整，顺序排列

（说明：基数为相应进制基本数字符号的个数）

(3)二进制数与十六进制数的相互转换。

二进制数转换成十六进制数比较容易，具体方法如下：

①把二进制数以小数点为界向左向右每4位分成一组,不足4位的用0补齐。

②把每组4位的二进制数转换成1位的十六进制数。

③按从左到右的次序写出转换结果。

【例1.4】把二进制数10110011.0101111转换成十六进制数。

解:分组: 1011,0011 . 0101,1110

转换: B 3 . 5 E

因此: $(10110011.0101111)_2=(B3.5E)_{16}$

十六进制数转换成二进制数的方法更简单,只需从左到右把每位十六进制数写成相应的4位二进制数,并把结果写在一起即可。

解:

$(3BD.A5)_{16}=$	3	B	D	.	A	5
	0011	1011	1101	.	1010	0101

【例1.5】把十六进制数3BD.A5转换成二进制数。

解: $(3BD.A5)_{16}=(1110111101.10100101)_2$　　(已去掉最左边没有意义的0)

表1.1中列出了0~15之间的十进制数在二进制和十六进制下的对应值。为了加快数制转换的速度,这张表中的内容应熟记于心。

表1.1　0~15在各种数制下的表示

十进制	二进制	十六进制	十进制	二进制	十六进制
0	0000	0	8	1000	8
1	0001	1	9	1001	9
2	0010	2	10	1010	A
3	0011	3	11	1011	B
4	0100	4	12	1100	C
5	0101	5	13	1101	D
6	0110	6	14	1110	E
7	0111	7	15	1111	F

1.2.2　二进制算术与逻辑运算

1. 二进制的算术运算

(1)加法运算。

加法运算规则为:

0+0=0　0+1=1　1+0=1　1+1=0(向邻近高位有进位)

【例1.6】有两个8位二进制数 $X=10110110B$, $Y=11011001B$,试求出 $X+Y$ 的值。

解：

$$
\begin{array}{r}
10110110B \\
+\,11011001B \\
\hline
110001111B
\end{array}
$$

因此，$X+Y=10110110B+11011001B=110001111B$。

两个二进制数相加时要注意低位的进位，且两个 8 位二进制数的和最大不能超过 9 位。

(2)减法运算。

减法运算规则为：

$0-0=0$　$0-1=1$(向邻近高位借 1 当 2)　$1-0=1$　$1-1=0$

【例 1.7】有两个 8 位二进制数 $X=10010111B$，$Y=11011001B$，试求 $X-Y$ 的值。

解：由于 $Y>X$，故有 $X-Y=-(Y-X)$，则相应竖式为：

$$
\begin{array}{r}
11011001B \\
-\,10010111B \\
\hline
01000010B
\end{array}
$$

因此，$X-Y=-01000010B=-66$。

两个二进制数相减时应先判断它们的大小，将大数作为被减数，小数作为减数，差的符号由两数关系决定。此外，在减法过程中还要注意低位向高位借 1 应当作 2。

(3)乘法运算。

乘法运算规则为：

$0\times0=0$　$1\times0=0$　$0\times1=0$　$1\times1=1$

两个二进制数相乘与两个十进制数相乘类似，可以用乘数的每一位分别去乘被乘数，所得结果的最低位与相应乘数位对齐，最后将所有的结果加起来，便得到积，这些中间结果又称为部分积。

【例 1.8】设两个 4 位二进制数 $X=1101B$ 和 $Y=1011B$，试计算 $X\cdot Y$ 的值。

解：

$$
\begin{array}{lr}
\text{被乘数} & 1101B \\
\text{乘数} & \times1011B \\
\hline
 & 1101 \\
 & 1101 \\
 & 0000 \\
 & 1101 \\
\hline
\text{乘积} & 10001111B
\end{array}
$$

所以，$X\cdot Y=1101B\times1011B=10001111B$。

(4)除法运算。

除法是乘法的逆运算。与十进制类似，二进制除法也是从被除数最高位开始，查找出够减除数的位数，并在其最高位处商上 1 并完成它对除数的减法运算，然后将被除数的下一位移到余数位置上。若余数不够减除数，则商上 0，并将被除数的再下一位移到余数位置上；若余数够减除数，则商上 1 并进行余数减除数运算。这样反复进行，直到全部被除数的各位都下移到余数位置上为止。

【例 1.9】设 $X=10101011B$，$Y=110B$，试求 $X\div Y$ 的值。

解：$X \div Y$的竖式为：

$$\begin{array}{r} 11100 \\ 110\overline{)10101011} \\ \underline{110} \\ 1001 \\ \underline{110} \\ 110 \\ \underline{110} \\ 11 \end{array}$$

因此，$X \div Y = 10101011B \div 110B = 11100B$……余11B。

2. 二进制的逻辑运算

计算机处理数据时常用到逻辑运算。逻辑运算由专门的逻辑电路完成。下面介绍几种常用的逻辑运算。

(1)逻辑与(And)。

逻辑与又称逻辑乘，常用∧运算符表示。逻辑与的运算规则为：

$0 \wedge 0 = 0 \quad 0 \wedge 1 = 0 \quad 1 \wedge 0 = 0 \quad 1 \wedge 1 = 1$

只有当参与运算的逻辑变量都为1时，"与"运算的结果才会为1；只要其中有一个为0，其结果就为0。

【例1.10】已知$X = 10111001B$，$Y = 11110000B$，求$X \wedge Y$的值。

解：

$$\begin{array}{r} 10111001B \\ \underline{\wedge\, 11110000B} \\ 10110000B \end{array}$$

因此，$X \wedge Y = 10110000B$。

逻辑与运算通常可用于从某数中取出某几位。由于上例中Y的取值为$F0H$，此逻辑与运算结果中高4位可看成是从X的高4位取出来的，若要将X的最高位取出来，则Y的取值应该为80H。

(2)逻辑或(Or)。

逻辑或又称逻辑加，常用∨运算符表示。逻辑或的运算规则为：

$0 \vee 0 = 0 \quad 0 \vee 1 = 1 \quad 1 \vee 0 = 1 \quad 1 \vee 1 = 1$

只要当参与"或"运算的任意一个逻辑变量为1时，"或"运算结果就为1；只有所有的逻辑变量都为0，结果才为0。

【例1.11】已知$X = 10111001B$，$Y = 00001111B$，求$X \vee Y$的值。

解：

$$\begin{array}{r} 10111001B \\ \underline{\vee\, 00001111B} \\ 10111111B \end{array}$$

逻辑或运算通常可用于使某数中某几位添加1。由于上例中Y的取值为$0FH$，此逻辑或运算可看成是给X的低4位添加1；若要将X的高4位添加1，则Y的取值应该为$F0H$。

(3)逻辑非(Negate)。

逻辑非又称逻辑取反,常用"-"运算符表示。逻辑非的运算规则为:

$\overline{1}=0 \quad \overline{0}=1$

【例 1.12】已知 $X=10110011B$,求 $\overline{X}$ 的值。

解:因为 $X=10110011B$,所以 $\overline{X}=01001100B$。

(4)逻辑异或(Exclusive-Or)

逻辑异或又称为半加,是不考虑进位的加法,常用⊕运算符表示,逻辑异或的运算规则为:

$0\oplus0=0 \quad 0\oplus1=1 \quad 1\oplus0=1 \quad 1\oplus1=0$

只有参与"异或"运算的两个逻辑变量值不同时,"异或"运算结果为 1,否则结果为 0。

【例 1.13】$X=10110001B$,$Y=11001010B$,求 $X\oplus Y$ 的值。

解:

$$\begin{array}{r} 10110001B \\ \oplus\ 11001010B \\ \hline 01111011B \end{array}$$

因此,$X\oplus Y=10110001B\oplus11001010B=01111011B$。

逻辑异或运算通常可用于使某数中某几位取反。与 0 异或为自身,与 1 异或为取反。要使某数的高 4 位取反,低 4 位不变,则 Y 取 F0H。若要使 X 中最高位取反,则 Y 的取值应为 80H。

1.2.3　机器数

计算机中的数据简称为机器数,一个完整的机器数应能表示无符号数和带符号数。对于一个字长为 n 位的机器数而言,若表示无符号数时,其 n 位全部用于表示数值。如:

$$\underbrace{S_{n-1} \quad \cdots\cdots \quad S_i \quad \cdots\cdots \quad S_0}_{\text{数值}}$$

若表示带符号数时,其最高位用于表示数的符号(0 表示"正",1 表示"负",这样的处理称为数字符号的数字化表示),其余的 $n-1$ 位用于表示数值。如:

$$\underbrace{S_f}_{\text{符号}} \ \underbrace{S_{n-2} \quad \cdots\cdots \quad S_i \quad \cdots\cdots \quad S_0}_{\text{数值}}$$

无论是无符号数,还是带符号数,都是计算机能够直接处理的两种数据。

计算机中对于符号数有不同的编码方式,通常采用两种编码表示:原码、补码。

1. 原码

最高位为符号位(正数用 0,负数用 1),其他位为数值位,称为符号数的原码表示。

【例 1.14】$X=+45=+00101101B$　　$[X]_{原}=00101101B$

　　　　　$X=-45=-00101101B$　　$[X]_{原}=10101101B$

在计算机中,原码表示数简单明了,但是如果两个符号不同的数进行运算时处理起来非常不便,为此还需要引进补码。

2. 补码

正数的补码与原码相同，即符号位用 0 表示，数值位不变；负数的补码则是在原码的基础上。符号位不变，数值位逐位取反，末位加 1。

【例 1.15】$X = +45 = +00101101B$　　　$[X]_{补} = 00101101B$

$X = -45 = -00101101B$　　　$[X]_{补} = 11010011B$

3. 补码数的表示范围

一个 n 位二进制补码数的表示范围是：

$-2^{n-1} \leqslant N \leqslant 2^{n-1} - 1$

当 $n = 8$ 时数的表示范围是：$-128 \leqslant N \leqslant +127$

当 $n = 16$ 时数的表示范围是：$-32768 \leqslant N \leqslant +32767$

如果两个 8 位二进制补码数的运算结果超出 $-128 \leqslant N \leqslant +127$，或者两个 16 位二进制补码数的运算结果超出 $-32768 \leqslant N \leqslant +32767$，则称运算结果溢出。

1.2.4 常用名词术语及字符的表示

1. 常用的名词术语

位、字节、字以及字长都是计算机中常用的名词术语，下面作简要解释：

(1) 位(bit)。

位是指一个二进制位，它是计算机中信息存储的最小单位。1 位二进制位只能表示 0 和 1 两种状态。位用 b 表示。

(2) 字节(Byte)。

字节指相邻的 8 个二进制位(1Byte = 8bit)，通常存储器是以字节为单位存储信息的。字节用 B 表示。

(3) 字(Word)及字长。

字是计算机内部进行数据传递、数据处理的基本单元。一个字所包含的二进制位数称为字长。字用 W 表示。一般微机中定义一个字长为 2 个字节。

2. ASCII 码

由于计算机中使用的是二进制，因此计算机中使用的字母、字符也要用二进制进行编码，目前普遍采用的是 ASCII 码(American Standard Code for Information Interchange)，ASCII 码用 7 位二进制编码表示 128 个字符(其中有 96 个可打印字符，包括常用的字母、数字和标点符号等，另外还有 32 个控制字符)。如表 1.2 所示。

表 1.2　ASCII 码表

低 4 位	高 3 位							
	000(0H)	001(1H)	010(2H)	011(3H)	100(4H)	101(5H)	110(6H)	111(7H)
0000(0H)	NUL	DLE	SP	0	@	P	`	p

续表

低4位	高3位							
	000(0H)	001(1H)	010(2H)	011(3H)	100(4H)	101(5H)	110(6H)	111(7H)
0001(1H)	SOH	DC1	!	1	A	Q	a	q
0010(2H)	STX	DC2	"	2	B	R	b	r
0011(3H)	ETX	DC3	#	3	C	S	c	s
0100(4H)	EOT	DC4	$	4	D	T	d	t
0101(5H)	ENQ	NAK	%	5	E	U	e	u
0110(6H)	ACK	SYN	&	6	F	V	f	v
0111(7H)	BEL	EBT	'	7	G	W	g	w
1000(8H)	BS	CAN	(	8	H	X	h	x
1001(9H)	HT	EM	)	9	I	Y	i	y
1010(AH)	LF	SUB	*	:	J	Z	j	z
1011(BH)	VT	ESC	+	;	K	[	k	{
1100(CH)	FF	FS	,	<	L	\	l	|
1101(DH)	CR	GS	-	=	M	]	m	}
1110(EH)	SO	RS	.	>	N	^	n	~
1111(FH)	SI	US	/	?	O	_	o	DEL

【例1.16】写出字符0、9、A及a的ASCII码值。

解:通过查表,字符0、9、A及a的ASCII码值依次为30H、39H、41H、61H。

3. BCD码

虽然二进制数实现容易,但不符合人们的使用习惯,且书写阅读不方便,所以在计算机输入输出时通常还是采用十进制来表示数,这就需要实现十进制与二进制间的转换。为了转换方便,常采用二进制编码的十进制数,简称为BCD(Binary Coded Decimal)码。

BCD码是用4位二进制数表示1位十进制整数。表示的方法有多种,常用的是8421BCD码,它的表示规律如表1.3所示。

表1.3 8421BCD码值表

十进制数字	BCD码	十进制数字	BCD码
0	0000	5	0101
1	0001	6	0110
2	0010	7	0111
3	0011	8	1000
4	0100	9	1001

【例1.17】写出十进制数314.78所对应的BCD码值。

解:[314.78]所对应的8421BCD码值为0011 0001 0100.0111 1000

任务一 Proteus ISIS 仿真软件的使用

Proteus 是英国 Labcenter electronics 公司开发的一款电路及单片机系统设计与仿真软件，Proteus 可以实现模拟电路、数字电路及微控制器系统与外设的混合电路系统的电路仿真、软件仿真、系统协同仿真和 PCB 设计等功能。Proteus 是目前唯一能对 8051，PIA，AVR，ARM 等多种微处理器进行实时仿真、调试与测试的 EDA 工具，真正实现了从概念到产品的完整开发过程，在提高企业产品开发效率、降低开发风险的同时，Proteus 也特别适合作为单片机课堂教学和实验的工具。

Proteus 提供了 30 多个元器件库、7000 多种元器件。元器件涉及电阻、电容、二极管、三极管、继电器、变压器、各种微控制器等。Proteus 软件中还提供有交直流电压表、示波器和信号发生器等虚拟测试信号工具。

下面我们将介绍在 Proteus ISIS 平台上进行设计与开发的主要过程。

一、启动 ISIS

1. Proteus ISIS 工作界面简介

Proteus ISIS 的工作界面是标准的 Windows 风格界面，如图 1.4 所示，包括标题栏、主菜单、标准工具栏、绘图工具栏、状态栏、对象选择按钮、预览对象方位控制按钮、仿真进程控制按钮、预览窗口、对象选择器窗口、图形编辑窗口。下面介绍其中的 3 个窗口。

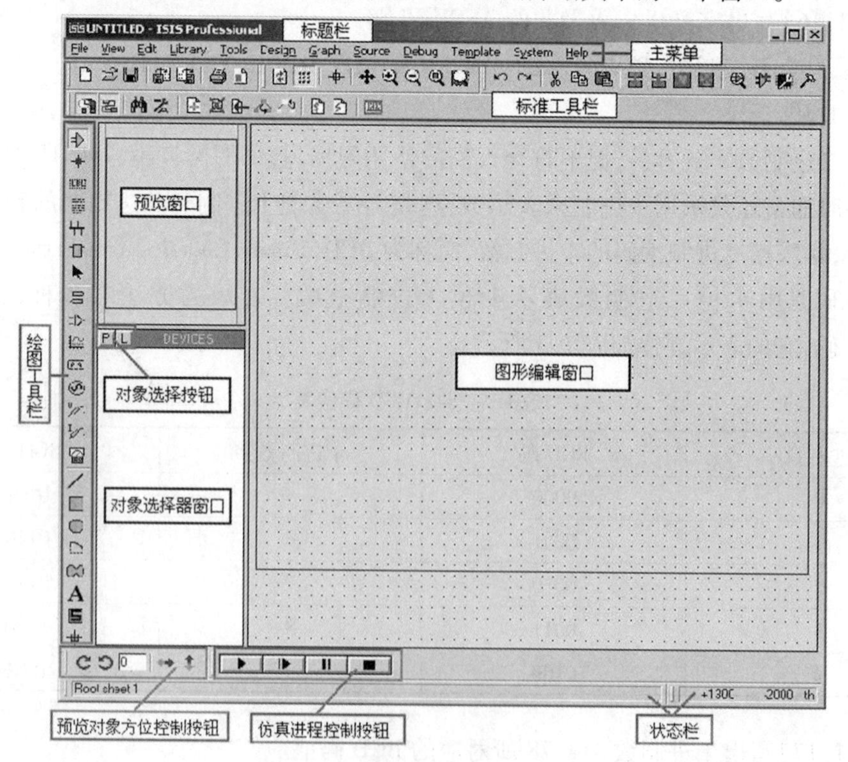

图 1.4 Proteus ISIS 的工作界面

图形编辑窗口：用于放置元器件、进行连线、编辑和绘制电路原理图。

预览窗口：该窗口通常显示整个电路图的缩略图。在预览窗口上单击鼠标左键，将会有一个矩形蓝色框标示出在编辑区窗口中的显示区域。当从对象选择器选出一个对象时，预览窗口预览选中的对象。

对象选择器窗口：通过对象选择按钮从元件库中选择对象，并置入对象选择器窗口，供以后绘图时使用。

2. 主菜单栏

主菜单栏如表 1.4 所示，单击任意菜单命令后，都将弹出其下拉的子菜单命令列表。

表 1.4　主菜单及其含意

主菜单	主菜单
File：文件	Source：源文件
View：浏览	Debug：调试
Edit：编辑	Library：库文件
Tools：工具	Template：模板
Design：设计	System：系统
Graph：图形	Help：帮助

主工具栏位于主菜单下面，以图标按钮形式给出，共有 38 个图标按钮。图标按钮如图 1.5 所示。

图 1.5　图标按钮

每个图标都对应一个具体的菜单命令，38 个图标从左到右编号为 1 ~ 38，分为 4 组。主工具栏图标按钮的功能如表 1.5 所示。

表 1.5　主工具栏图标按钮的功能

图标	功能	图标	功能
	新建一个设计文件		从剪切板粘贴
	打开一个已存在的设计文件		复制选中的块对象
	保存当前设计		移动选中的块对象
	将一个局部文件导入 ISIS 中		旋转选中的块对象
	将当前选中的对象导出为一个局部文件		删除选中的块对象
	打印当前设计文件		从库中选取器件
	选择打印的区域		创建器件
	刷新显示		封装工具
	是否显示网络		释放元件

续表

图标	功能	图标	功能
	是否显示手动原点		自动布线器
	以鼠标所在点为中心居中		查找并连接
	放大		属性分配工具
	缩小		设计浏览器
	查看整张图		新建图纸
	查看局部图		移动页面/删除页面
	撤销最后一步操作		退出到父页面
	恢复最后一步操作		生成元件列表
	剪切选中对象		生成电气规则检查报告
	复制选中对象至剪切板		生成网表并传输到 ARES

3. 工具箱

在图 1.4 Proteus ISIS 的工作界面中，最左侧有一列图标，这一列图标就是工具箱。选择相应的工具箱图标按钮，系统将提供不同的操作工具功能。工具箱按钮功能如表 1.6 所示。

表 1.6　工具箱按钮功能

图标	功能	图标	功能
	选择模式		在电路原理图中添加电流探针
	原件模式，用来拾取元器件		可供选择的虚拟仪器
	放置连接点		画线
	标注线标签或网络标号		画方框
	输入文本		画圆
	绘制总线		画弧线
	绘制子电路块		图形弧线模式
	选择端子		图形文本模式
	选择原件引脚		图形符号模式
	列出各种仿真分析所需的图表		元件顺时针方向旋转
	当对设计电路分割仿真时，采用此模式		元件逆时针方向旋转
	信号源		元件水平镜像旋转
	在电路原理图中添加电压探针		元件垂直镜像旋转

4. 仿真工具栏

仿真工具栏的功能如表 1.7 所示。

表 1.7　仿真工具栏

图标	功能	图标	功能
	运行程序		暂停
	单步运行程序		停止

二、绘制仿真原理图

用 Proteus 软件仿真的基础是绘制准确的原理图，并进行合理的设置。下面将以前面介绍的简单的单片机系统为例，展示 ISIS 的仿真过程。

1. 元器件选择

单击对象选择器按钮 P ，弹出“Pick Devices”页面，在“Keywords”输入 AT89C51，系统在对象库中进行搜索查找，并将搜索结果显示在“Results”中，如图 1.6 所示。在“Results”栏中的列表项中，双击“AT89C51”，则可将“AT89C51”添加至对象选择器窗口。重复以上操作，将电路所需元器件依次选择完毕后，单击“OK”按钮，结束对象选择。

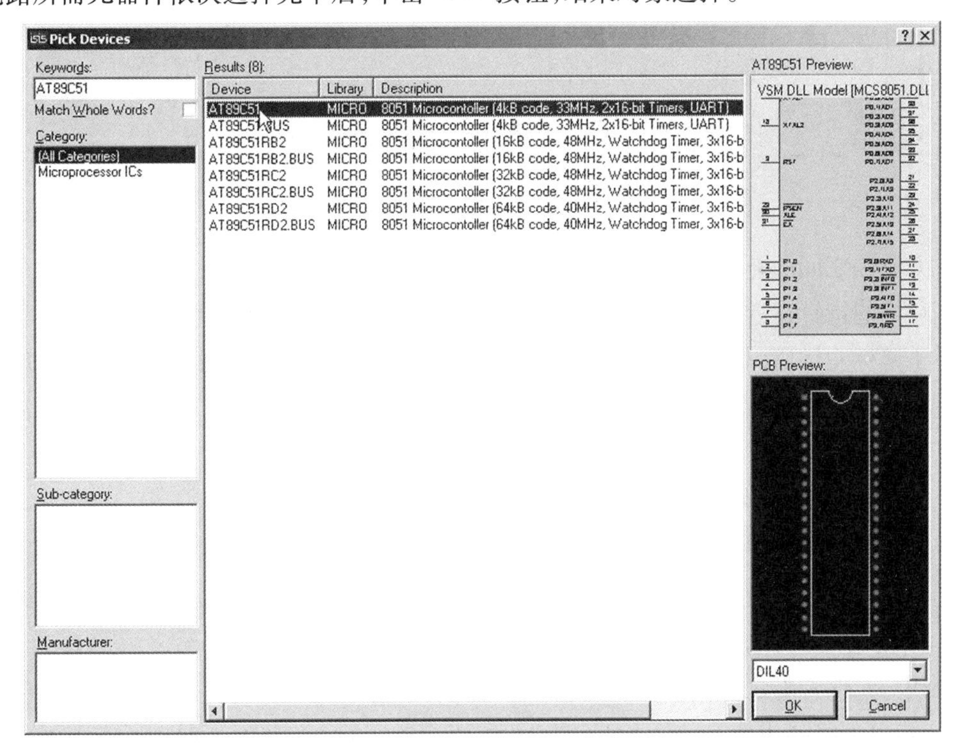

图 1.6　选择元器件窗口

2. 放置元器件到图形编辑器

在对象选择器窗口，鼠标左键点击 AT89C51，选中该元件，移动鼠标至图形编辑窗口的合适位置点击鼠标左键放置单片机 AT89C51，如图 1.7 所示。同样方法放置电阻和发光二极管（在对象选择器窗口中选中元件后，在图形编辑窗口通过鼠标左键可以连续放置该元件）。图形编辑器中元件的大小可通过滚动鼠标中键放大或缩小；在元件上点击鼠标右键，元件变红色,呈选中状态,此时可以对它进行移动、旋转和删除等操作。

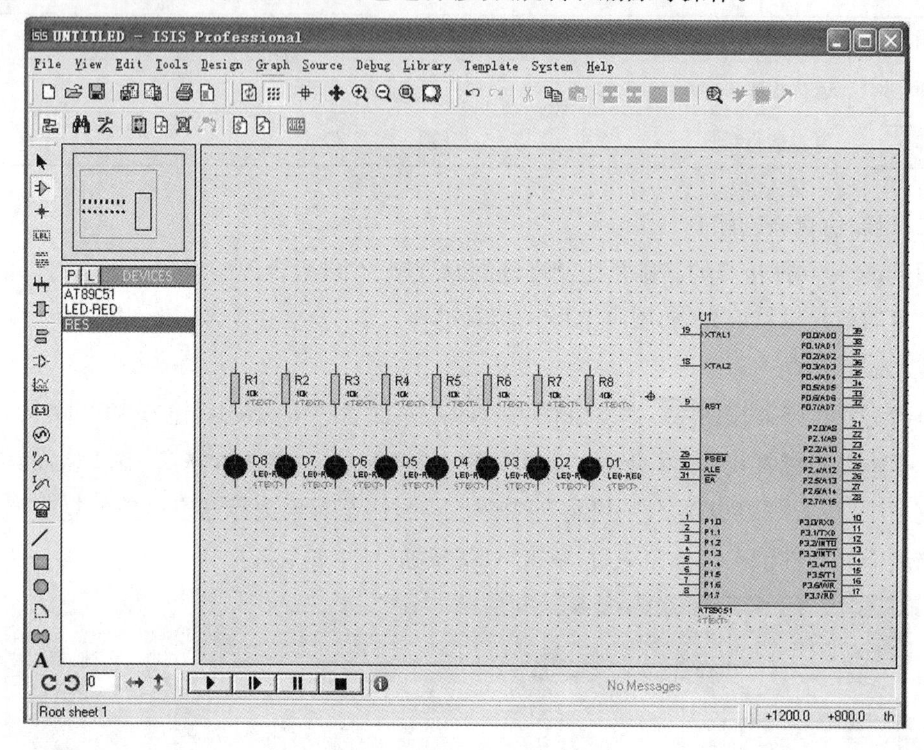

图 1.7　放置元件到图形编辑器

3. 元器件之间的连线

当鼠标的指针靠近元器件管脚时,鼠标的指针就会出现一个“ × ”号,表明找到了导线起点。单击鼠标左键,移动鼠标至另一元器件的连接管脚时,鼠标的指针就会出现一个“ × ”号,表明找到了导线终点。单击鼠标左键即可完成元器件之间的连线。同理可以完成电路中的其他连线。

4. 放置总线和总线连接

单击绘图工具栏中的总线按钮 ,使之处于选中状态。将鼠标置于图形编辑窗口,单击鼠标左键,确定总线的起始位置;移动鼠标,屏幕出现粉红色细直线,找到总线的终了位置,单击鼠标左键,再单击鼠标右键,以表示确认并结束画总线操作。

总线与元件管脚之间的连线称为总线分支线。画总线分支线的时候为了和一般的导线区分,一般可选择斜线来表示分支线,只需在想要拐点处单击鼠标左键即可。

总线分支线需要添加导线标签(PART LABELS)才能保证连接有效。单击绘图工具栏中的导线标签按钮 LBL ,使之处于选中状态。将鼠标置于图形编辑窗口的欲标标签的导线上,跟着鼠标的指针就会出现一个“ × ”号,找到了可以标注的导线,单击鼠标左键,弹出编辑导线标签窗口,如图 1.9 所示。在“string”栏中,输入标签名称(如 a),单击“OK”按钮,结束对该导线的标签标定。注意,在标定导线标签的过程中,相互接通的导线必须标注相同的标签名。

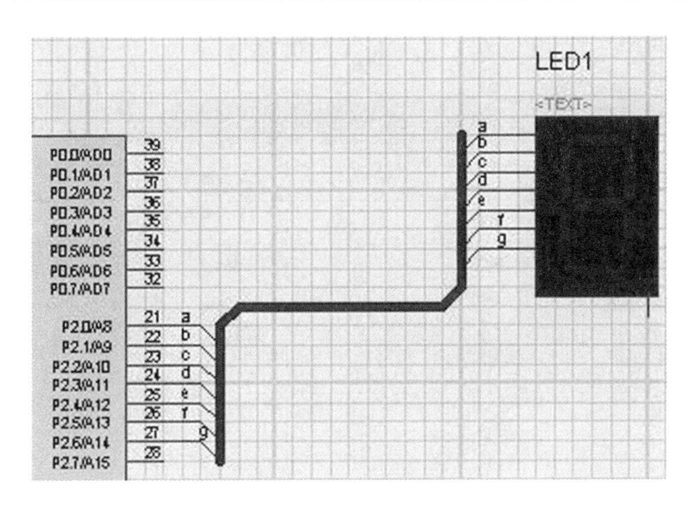

图1.8　总线与总线连接

5. 添加电源与接地端子

单击绘图工具栏中的 Inter - sheet Terminal 按钮，在对象选择器窗口中，可以点击POWER（电源）和GROUND（接地）在图形编辑窗口放置电源与接地端子，如图1.10所示。

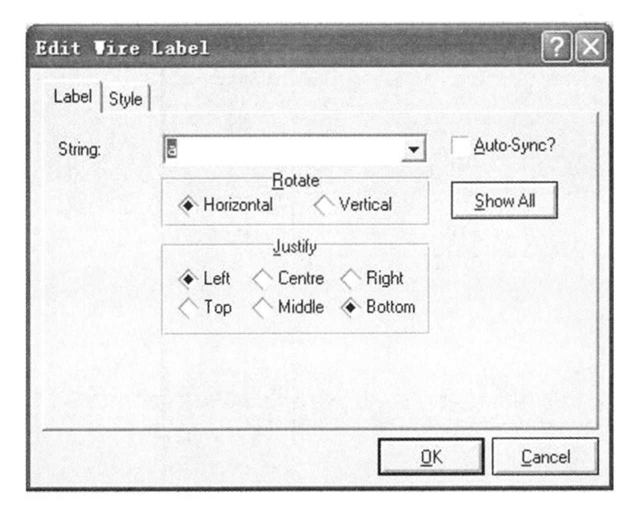

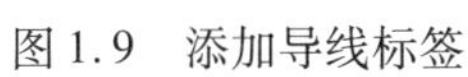
图1.9　添加导线标签

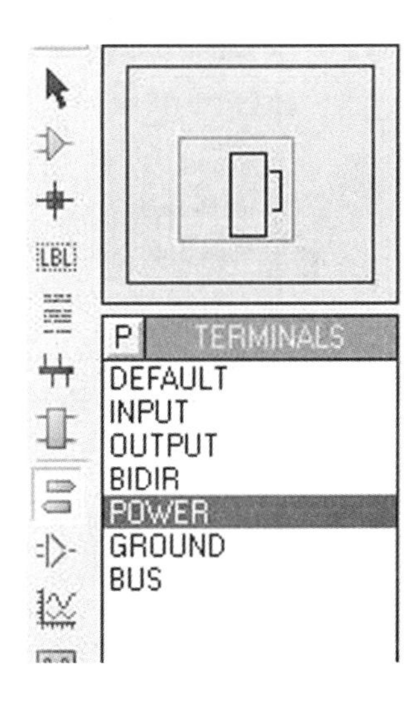

图1.10　电源与接地端子选择

三、仿真运行

1. 元器件参数设置

在仿真前需要对部分元件进行设置，选中电阻R1，再单击左键，出现编辑器件对话框，如图1.11所示，将电阻阻值更改为220。按此方法可进行其他元器件参数的设置。

2. 加载可执行程序文件

电路图绘制完成后，需要加载可执行程序文件 *.hex 进行仿真。双击电路中的单片机弹出元器件属性对话框，在 Program File 栏中加载可执行程序文件，如图1.12所示。此操作类似于硬件电路的程序下载,操作后点击 OK 关闭该窗口。

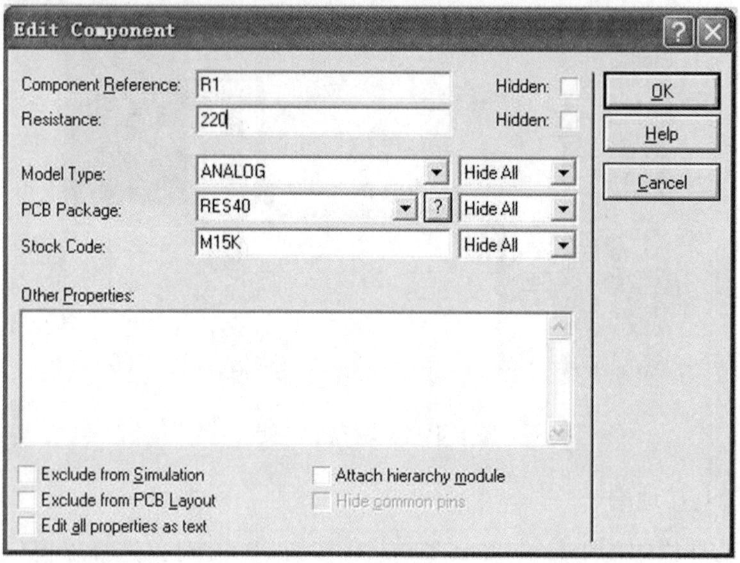

图 1.11 设置电阻属性

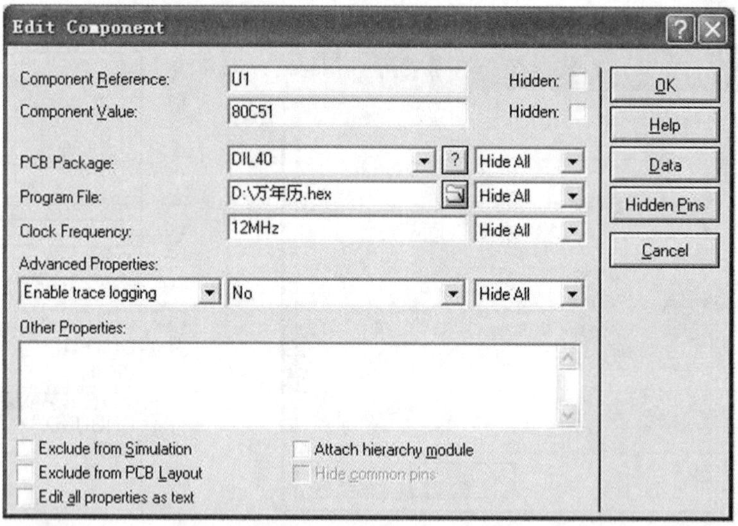

图 1.12 加载可执行程序文件

3. 运行仿真

Proteus ISIS 主界面左下角的仿真进程控制按钮从左至右依次是"运行""单步""暂停"和"停止"。点击"运行"按钮可启动仿真观察电路工作情况。

四、拓展训练

在 ISIS 环境中绘制下面的电路原理图,使用的器件有:AT89C51、7404、RESPACK-8、7SEG-MPX4-CA。

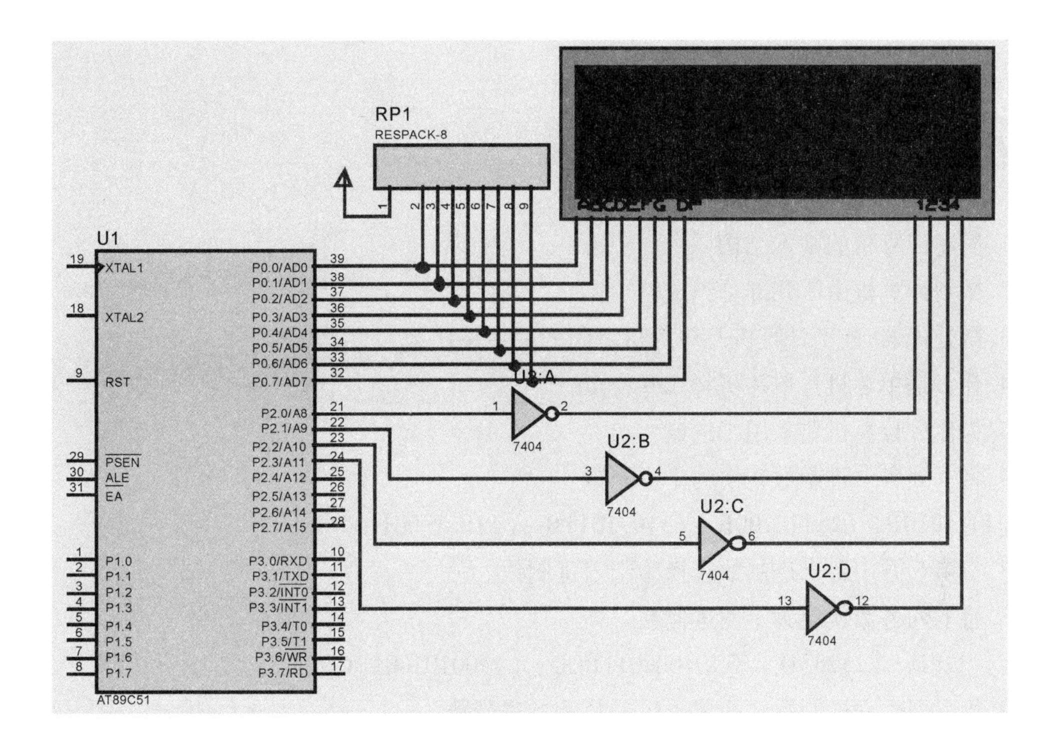
RP1
RESPACK-8
U1
XTAL1
XTAL2
RST
PSEN
ALE
EA
P1.0
P1.1
P1.2
P1.3
P1.4
P1.5
P1.6
P1.7
P0.0/AD0
P0.1/AD1
P0.2/AD2
P0.3/AD3
P0.4/AD4
P0.5/AD5
P0.6/AD6
P0.7/AD7
P2.0/A8
P2.1/A9
P2.2/A10
P2.3/A11
P2.4/A12
P2.5/A13
P2.6/A14
P2.7/A15
P3.0/RXD
P3.1/TXD
P3.2/INT0
P3.3/INT1
P3.4/T0
P3.5/T1
P3.6/WR
P3.7/RD
AT89C51
U2:B
U2:C
U2:D
7404

习 题

1. 简述计算机的基本结构。

2. 微型计算机由哪几部分组成?

3. 微处理器、微型计算机及单片机之间的关系是什么?

4. 什么是单片机? 单片机有哪些特点?

5. 为什么计算机要采用二进制?

6. 将下列各二进制数转换为十进制数。

(1)11010B (2)110100B (3)0.1011B (4)0.100011001B

7. 将第 6 题中各二进制数转换为十六进制数。

8. 将下列各数转换为十六进制数。

(1)129D (2)253D (3)01000011BCD (4)00101001BCD

9. 将下列十六进制数转换成十进制数和二进制数。

(1)AAH (2)BBH (3)C.CH (4)DE.FCH (6)128.08H

10. 已知原码如下,写出其补码(其最高位为符号位)。

(1)$[X]_{原}$=01011001 (2)$[X]_{原}$=11011011

(3)$[X]_{原}$=00111110 (4)$[X]_{原}$=11111100

11. 写出下列各数的 BCD 码。

(1)47 (2)59 (3)1996 (4)1997.4

模块二　MCS－51单片机内部资源应用

MCS－51单片机是Intel公司于1980年推出的产品。MCS－51系列单片机有多种型号，主要包括8051、80C51和8751等通用产品。通常称为51子系列产品。另外还有80C52、87C52等型号，被称为52子系列产品。后来许多公司相继推出了以8051、80C51为内核的单片机系列产品，如ATMEL的AT89C51单片机系列。

80C51是MCS－51单片机的典型产品，可视为MCS－51单片机的基本内核，所以本书主要以80C51单片机为例，讲解MCS－51单片机的内部结构、工作原理及应用。

本模块主要讲解MCS－51单片机的内部结构、引脚功能、工作方式和时序，并初步介绍单片机应用系统的概念。

2.1　MCS－51单片机的内部结构

单片机基本结构如图2.1所示，由图可知，MCS－51单片机内部包含了微型计算机的基本功能部件，有8位的CPU、4 KB的ROM存储器、128 B的RAM存储器、两个定时/计数器、4个并行I/O接口、中断系统、1个串行接口和片内时钟振荡器。

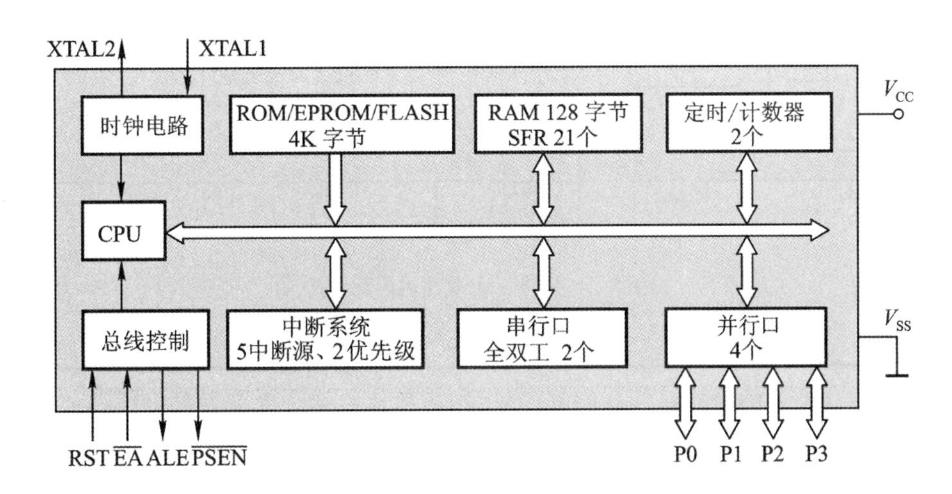

图2.1　MCS－51单片机基本结构

MCS－51单片机和一般的微处理器一样采用了总线结构，即内部的各个基本组成部分是通过总线联系在一起的，运行过程中产生的数据、地址和控制信息分别通过内部的数据总线、地址总线和控制总线进行传递。

2.1.1　CPU 结构

单片机内部资源中最核心的部分是 CPU，它是单片机的“大脑”。MCS－51 单片机的 CPU 是 8 位的微处理器，它由运算器和控制器两大部分组成，是单片机的运算和控制核心，负责完成算术和逻辑运算及产生控制各个功能单元协调工作的控制信号。

1. 控制器

控制器由程序计数器（PC）、指令寄存器、指令译码器、定时与控制逻辑电路等组成。MCS－51 单片机详细组成如图 2.2 所示。

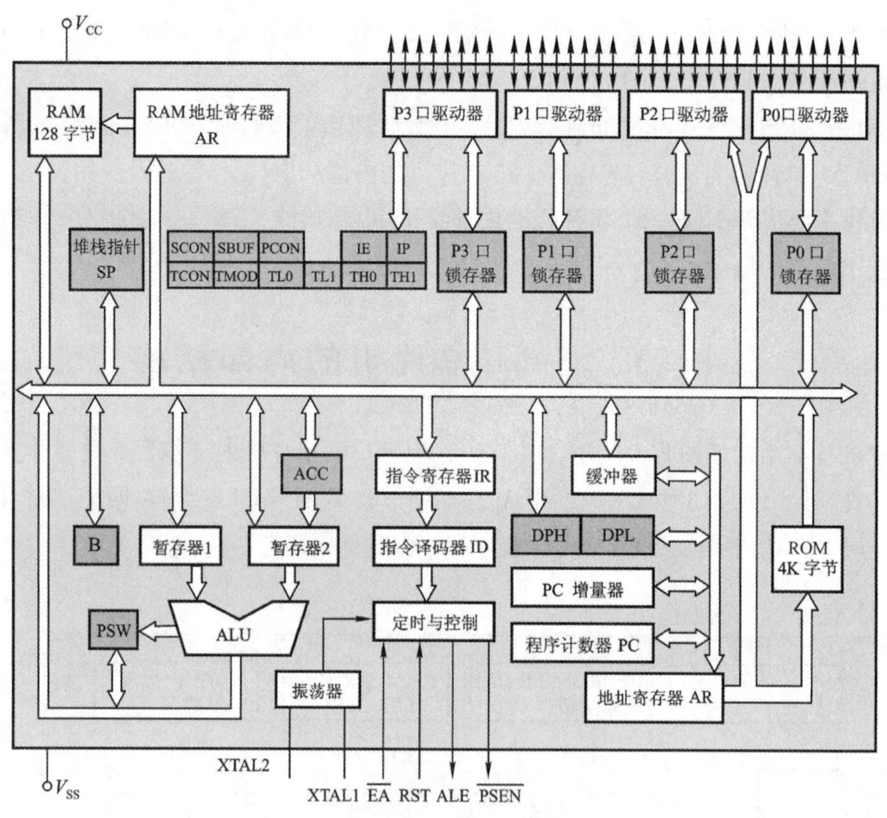

图 2.2　MCS－51 单片机内部结构

控制器的功能是对来自程序存储器中的指令进行译码，通过定时控制电路，在规定的时刻发出各种操作所需的内部和外部控制信号，指挥单片机系统内部各部分协调地完成指令所规定的功能。控制器各功能部件简述如下：

（1）程序计数器 PC（Program Counter）。

程序计算器 PC 是一个 16 位的专用寄存器，用来存放下一条要执行指令的地址，即程序计数器的内容决定了 CPU 将要执行那一条指令。PC 可以存放 16 位地址，MCS－51 单片机对程序存储器可以达到 64 KB（2^{16}）的寻址范围。

当 CPU 要取指令时，PC 的内容送到地址总线上，从而指向程序存储器中存放当前指令的单元地址，以便从存储器中取出指令，加以分析、执行，同时 PC 内容自动增 1 指向下一字节，CPU 不断重复进行以上的取指令、译码过程。

PC 在系统复位后的初值为 0000H，即复位后 CPU 将从程序存储器的 0000H 地址开始执行指令，但程序的执行并不完全是顺序的，通过转移指令、子程序调用与返回、中断调用与返回，程序可以发生跳转。

（2）指令寄存器 IR（Instruction Register）。

指令寄存器是一个 8 位寄存器，用于暂存待执行的指令，等待译码。指令译码电路对指令寄存器中的指令进行译码，将指令转变为执行此指令所需要的电信号，再经定时控制电路定时产生执行该指令所需要的各种控制信号。

（3）数据地址指针 DPTR（Data Pointer）。

数据地址指针 DPTR 是一个 16 位的专用地址指针寄存器，它由 DPH 和 DPL 两个特殊功能寄存器组成。DPH 是 DPTR 的高 8 位，DPL 是 DPTR 的低 8 位，其组成如下：

DPTR（16 位）	DPH	DPL
	高 8 位	低 8 位

DPTR 可以用来存放片内 ROM 的地址，也可以用来存放片外 RAM 和片外 ROM 的地址，与相关指令配合可实现对最高 64KB 片外 RAM 和全部 ROM 的访问，具体用法将在模块三中结合相关指令进行介绍。

2. 运算器

运算器主要由算术逻辑运算单元（ALU）、累加器（A）、通用寄存器 B、暂存寄存器、程序状态字寄存器（PSW）及两个暂存寄存器（TMP）组成。运算器各功能部件简述如下：

（1）算术逻辑运算单元 ALU（Arithmetic Logic Unit）。

算术逻辑运算单元 ALU 可以完成各种算术及逻辑运算。ALU 的两个操作数，一个由累加器 A 通过暂存器 2 输入，另一个由暂存器 1 输入，运算结果的状态传送给 PSW，如图 2.2 所示。

（2）累加器 ACC（Accumulater）。

累加器 ACC 是一个 8 位寄存器，它通过暂存器和 ALU 相连，是 CPU 中工作最繁忙、最常用的寄存器，许多指令的操作数取自于 ACC，许多运算结果也存放在 ACC 中。在指令系统中，累加器 ACC 的助记符记作 A。

（3）程序状态字寄存器 PSW（ Program State Word ）。

程序状态字寄存器 PSW 是一个 8 位的状态标志寄存器，用来保存 ALU 运算结果的特征（如结果是否为 0，是否有溢出等）和处理器状态信息。这些特征和状态可作为控制程序转移的条件，供程序判别和查询。其格式如下：

	D_7	D_6	D_5	D_4	D_3	D_2	D_1	D_0
PSW	CY	AC	F0	RS1	RS0	OV	F1	P

PSW 中各位的具体含义如下：

CY：进位标志。在进行加（或减）法运算时，如果执行结果最高位 D_7 有进（或借）位，CY 置 1，否则 CY 清 0。在进行位操作时，CY 又可作为位操作累加器，指令助记符用 C 表示。

AC：辅助进位。在进行加（或减）法运算时，如果低半字节向高半字节有进（或借）位时，AC 置 1，否则 AC 清 0。

F0：用户标志。由用户根据需要对其置位或清 0，可作为用户自行定义的一个状态标志。

RS1 和 RS0：工作寄存器组选择位。由用户程序改变 RS1 和 RS0 组合中的内容，以选择片内 RAM 中的 4 个工作寄存器组之一作为当前的工作寄存器组。工作寄存器组的选择见表 2.1。

表 2.1 当前工作寄存器组的选择

RS1(PSW.4)	RS0(PSW.3)	当前使用的工作寄存器组(R0 ~ R7)
0	0	工作寄存器组 0(00H ~ 07H)
0	1	工作寄存器组 1(08H ~ 0FH)
1	0	工作寄存器组 2(10H ~ 17H)
1	1	工作寄存器组 3(18H ~ 1FH)

单片机在复位后，RS1 和 RS0 都为 0，CPU 默认第 0 组工作寄存器为当前工作寄存器组。根据需要，用户可以利用传送指令或位操作指令来改变 RS1、RS0 的内容，选择其他的工作寄存器组，这种设置对程序中保护现场提供了方便。

OV：溢出标志。在补码运算时，当运算结果超出 -128 ~ +127 范围，产生溢出，OV 置 1；否则无溢出，OV 清 0。因此，根据 OV 状态可以判断累加器 A 中的结果是否正确。

F1：用户标志。作用同 F0，但要用位地址 D1H 或符号 PSW.1 来表示这一位。

P：奇偶标志。该标志位始终跟踪累加器 A 中 1 的数目的奇偶性。如果 A 中 1 的数目为奇数，则 P 置 1，若 A 中 1 的数目为偶数或 A = 00H（没有 1），则 P 清 0。无论执行什么指令，只要 A 中 1 的数目改变，P 就随之而变。以后在指令系统中，凡是累加器 A 的内容对 P 标志位的影响都不再赘述。

2.1.2 MCS - 51 外部引脚及功能

MCS - 51 系列单片机的封装方式与制造工艺有关，采用 HMOS 制造工艺的 51 单片机一般采用双列直插封装（DIP），如有总线扩展的 40 只引脚和无总线扩展引脚 20 只引脚的双列直插封装（DIP），如图 2.3 所示。

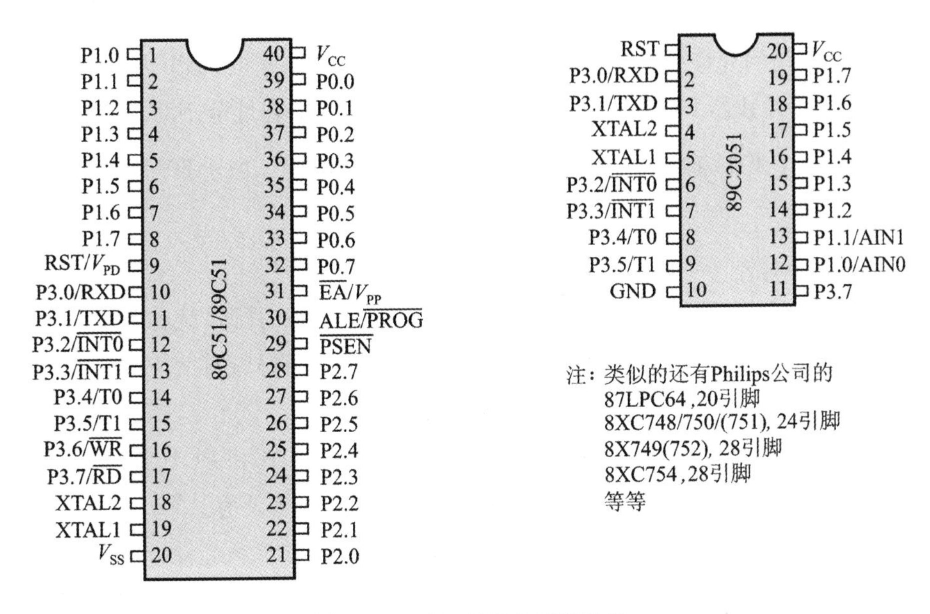

图 2.3　80C51 封装和引脚分配

80C51 单片机的 40 只引脚按功能划分，可分为 3 类：

· 电源及晶振引脚(4 只)——V_{cc}、V_{ss}、XTAL1、XTAL2；

· 控制引脚(4 只)——$\overline{PSEN}$、ALE、$\overline{EA}$、RST；

· 并行 I/O 引脚(32 只)——P0.0～P0.7、P1.0～P1.7、P2.0～P2.7、P3.0～P3.7。

1. 电源及晶振引脚

V_{cc}(第 40 脚)：+5V 电源引脚

V_{ss}(第 20 脚)：接地引脚

XTAL1(第 19 脚)、XTAL2(第 18 脚)：外接晶振的两个引脚，具体使用方法详见本书 2.3.2。

2. 控制引脚

ALE/$\overline{PROG}$：地址锁存使能输出/编程脉冲输入端。当 CPU 访问外部存储器时，ALE 的输出作为外部锁存地址的低位字节的控制信号。在不访问外部存储器时，ALE 引脚仍 1/6 的时钟振荡器频率固定地输出正脉冲，因此它可用作对外输出的时钟或用于定时。

RST/V_{PD}：复位/备用电源输入端。当 RST 引脚持续接入两个机器周期(24 个时钟周期)宽度以上的高电平时就会使单片机复位。RST/V_{PD}具有复用功能，在主电源 V_{cc}掉电期间，该引脚可接上 +5V 备用电源。当 V_{cc}下降到低于规定的电平，而 V_{PD}在其规定的电压范围时，V_{PD}就向片内 RAM 提供电源，以保持片内 RAM 中的信息不丢失，复电后能继续正常运行。

$\overline{PSEN}$：外部程序存储器读选通信号。当从外部程序存储器取指令(或数据)期间，$\overline{PSEN}$产生负脉冲作为外部 ROM 的选通信号。而在访问外部数据 RAM 或片内 ROM 时，不会产生有效的$\overline{PSEN}$信号。

$\overline{EA}/V_{PP}$:外部访问允许/编程电源输入端。当$\overline{EA}$输入高电平时,CPU 从片内 ROM 开始读取指令。当程序计数器 PC 的值超过 4KB(0000H ~ 0FFFH)地址范围时,将自动转向执行片外 ROM 的指令。当$\overline{EA}$输入低电平时,CPU 仅访问片外 ROM。由于 8031 无片内程序存储器,所以$\overline{EA}$必须接低电平,只能访问片外程序存储器。

3. 并行 I/O 口引脚

并行 I/O 口共有 32 只引脚,其中 P0.0 ~ P0.7(第 39 ~ 32 引脚)统称为 P0 口,P1.0 ~ P1.7(第 1 ~ 8 引脚)统称为 P1 口,P2.0 ~ P2.7(第 21 ~ 28 引脚)统称为 P2 口,P3.0 ~ P3.7(第 10 ~ 17 引脚)统称为 P3 口。

P0 ~ P3 口都可作为通用输入/输出(I/O)口使用。此外,P0 和 P1 还具有单片机地址/数据总线口作用,P3 口除了作为一般准双向口使用外,每个引脚还有其第二功能(表 2.2)。

表 2.2　P3 口各位的第二功能

P3 口引脚	第二功能
P3.0	RXD(串行输入口)
P3.1	TXD(串行输出口)
P3.2	$\overline{INT0}$(外部中断 0 输入)
P3.3	$\overline{INT1}$(外部中断 1 输入)
P3.4	T0(定时器 0 外部输入)
P3.5	T1(定时器 1 外部输入)
P3.6	$\overline{WR}$(外部数据存储器写脉冲输出)
P3.7	$\overline{RD}$(外部数据存储器读脉冲输出)

2.2　MCS－51 的存储器结构

存储器是单片机的重要组成部分,无论设计系统硬件还是软件,都离不开对存储器的了解与把握,在设计单片机应用系统硬件结构时,要根据单片机存储器的组织架构进行安排和扩展。下面我们就来了解 51 单片机存储器的结构。

2.2.1　存储器划分方法

计算机的存储器空间有两种结构形式:普林斯顿结构和哈佛结构。两种结构的特点如图 2.4 所示。

普林斯顿结构是一种将程序存储器和数据存储器合并在一起的存储器结构,即 ROM 和 RAM 位于同一存储空间的不同物理位置处。奔腾、ARM7 等微处理器采用的是此种结构。

哈佛结构是一种将程序存储器和数据存储器分开设置的存储器结构,即 ROM 和 RAM

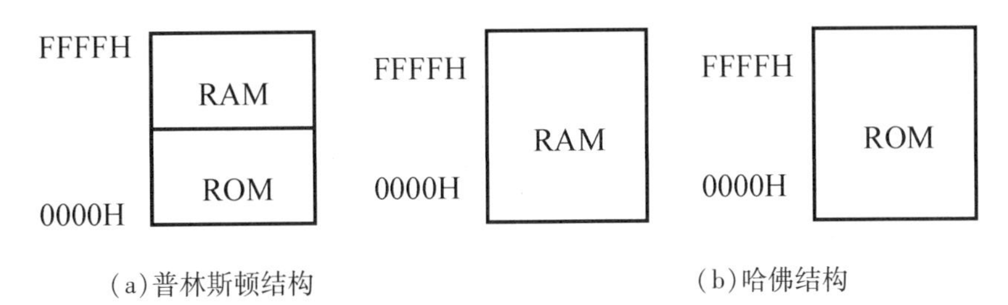

图 2.4　计算机存储器的两种结构形式

位于不同的存储空间。ROM 和 RAM 中的存储单元可以有相同的地址，CPU 需采用不同的访问指令加以区别。MCS－51 系列单片机采用的是哈佛结构。

MCS－51 单片机存储器空间结构如图 2.5 所示。

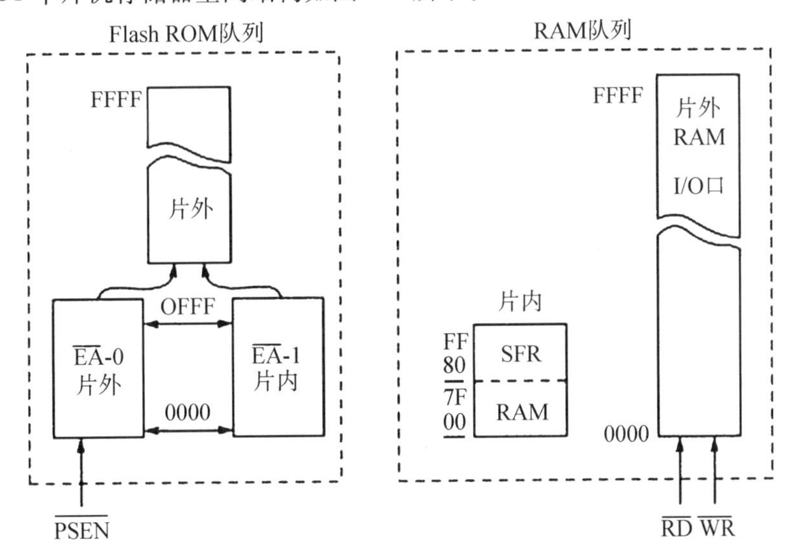

图 2.5　MCS－51 单片机存储器空间结构

从物理地址上看，MCS－51 系列单片机共有 4 个存储空间，即片内程序存储器（简称片内 ROM），片外程序存储器（简称片外 ROM）、片内数据存储器（简称片内 RAM），片外数据存储器（简称片外 RAM）。

由于片内、片外程序存储器是统一编址的，因此从逻辑地址来看，MCS－51 系列单片机只有 3 个存储空间：程序存储器、片内数据存储器和片外数据存储器。

为了区别不同空间的存储单元，需用不同的指令。MOV 指令用于访问片内数据存储器，MOVX 指令用于访问片外数据存储器，MOVC 指令用于访问片内、片外程序存储器，具体用法将在模块三指令系统中进行详细说明。

2.2.2　MCS－51 单片机的程序存储器配置

程序存储器主要用于存放程序代码及程序中用到的常数。保存在 ROM 中的程序不会因单片机断电而丢失。

MCS－51 系列单片机的程序计数器 PC 是 16 位的计数器，所以能寻址 64 KB(2^{16})的程序存储器地址范围，允许用户程序调用或转向 64 KB 的任何存储单元。

MCS－51 单片机的$\overline{EA}$引脚为访问片内或片外程序存储器的选择端。

1. $\overline{EA}$引脚接高电平

$\overline{EA}$引脚接高电平时，对于基本型单片机(片内有 4 KB 的程序存储器)，CPU 首先在片内程序存储器中取指令，当指令地址超过 0FFFH 时，自动转向片外 ROM 中去取指令。外部程序存储器从 1000H 开始编址。如图 2.6 所示。

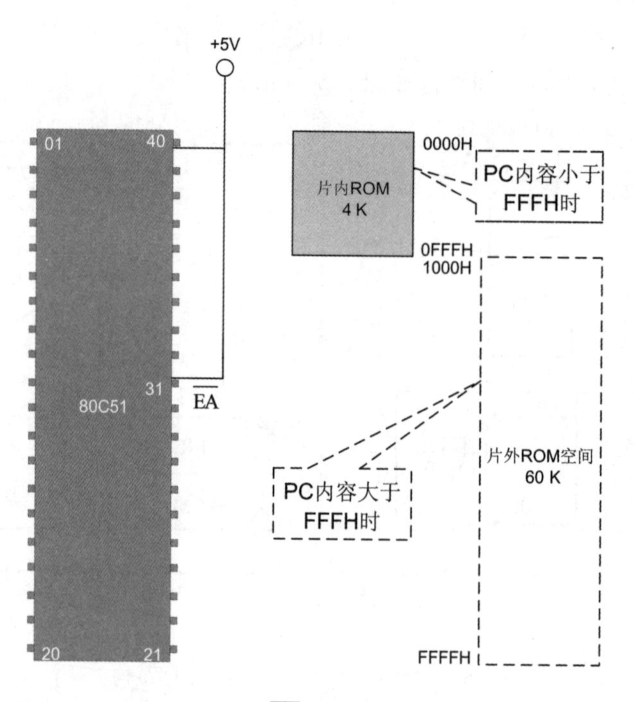

图 2.6 $\overline{EA}$引脚接高电平

如果是增强型单片机(片内有 8 KB 的程序存储器)，CPU 首先在片内程序存储器中取指令，当指令地址超过 1FFFH 时，自动转向片外 ROM 中去取指令。

2. $\overline{EA}$引脚接低电平

$\overline{EA}$引脚接低电平(接地)时，CPU 只能访问外部程序存储器(无论片内是否有程序存储器)。对于 8031 单片机，由于其内部无程序存储器，只能采用这种接法。外部程序存储器的地址从 0000H 开始编址，如图 2.7 所示。

51 单片机的程序存储器中，有 6 个特殊地址单元是系统专为复位和中断功能而设计的。其中 0000H 为程序的首地址、单片机复位后将从这个单元开始运行。一般在该单元存放一条转移指令以跳转到用户设计的主程序。

其余 5 个特殊单元分别对应 5 个中断源的中断服务入口地址：

· 0003H：外部中断 0 的中断服务程序入口地址；

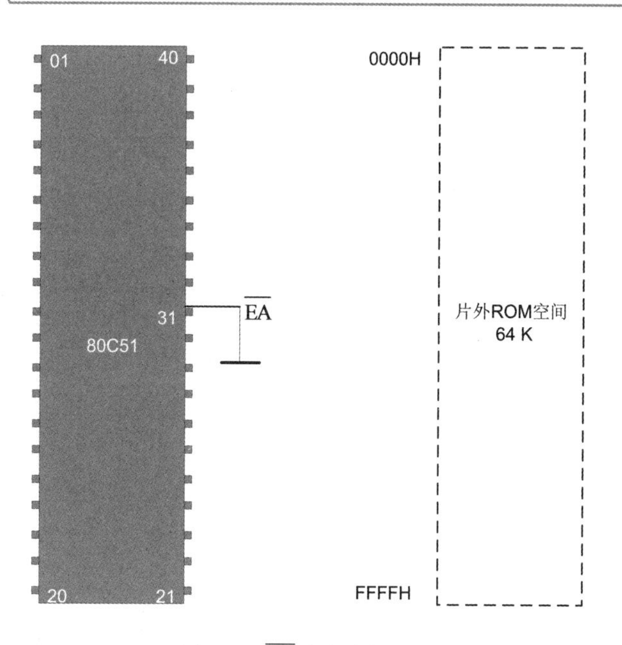

图2.7　$\overline{EA}$引脚接低电平

· 000BH:定时/计数器0溢出中断服务程序入口地址;
· 0013H:外部中断1的中断服务程序入口地址;
· 001BH:定时/计数器1溢出中断服务程序入口地址;
· 0023H:串行接口的中断服务程序入口地址。

具体介绍见本书5.2.2。

2.2.3　MCS－51单片机的数据存储器配置

数据存储器用于存放运算中间结果、标志位等。MCS－51单片机数据存储器由RAM构成,一旦掉电数据将丢失。

数据存储器在物理上和逻辑上都占有两个地址空间:一个是片内256 B的RAM,另一个是片外最大可扩充到64 KB的RAM。片内RAM的配置如图2.8所示:

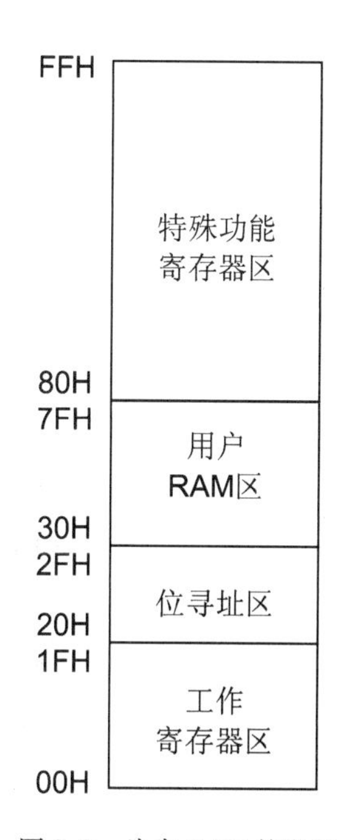

图2.8　片内RAM的配置

由图可知,片内RAM分为高128 B、低128 B两大部分。其中低128 B为普通RAM,空间地址为00H～7FH;高128 B为特殊功能寄存器区,空间地址为80H～FFH,但其中仅有21个字节被定义。

1. 低128 B RAM区

在低128 B RAM区中,地址00H～1FH共32个存储单元作为工作寄存器使用。这32个单元又被分为4组,每组8个单元,按序命名为工作寄存器R0～R7。

虽然51单片机有4个工作寄存器组,但由于任一时刻

CPU 只能选用其中 1 组作为当前工作寄存器组,因此不会发生冲突,未选中的其他 3 组寄存器可作为一般数据存储器使用。当前工作寄存器组可通过程序状态字寄存器 PSW 中的 RS1 和 RS0 位进行设置。

复位后默认第 0 组为当前工作寄存器组。表 2.3 为工作寄存器的地址分配表。

表 2.3 工作寄存器的地址分配表

RS1	RS0	组号	R7	R6	R5	R4	R3	R2	R1	R0
0	0	0	07H	06H	05H	04H	03H	02H	01H	00H
0	1	1	0FH	0EH	0DH	0CH	0BH	0AH	09H	08H
1	0	2	17H	16H	15H	14H	13H	12H	11H	10H
1	1	3	1FH	1EH	1DH	1CH	1BH	1AH	19H	18H

在低 128B RAM 区中,地址为 20H ~ 2FH 的 16 个字节单元,既可以像普通 RAM 单元按字节地址进行存取,又可以按位进行存取,这 16 个字节共有 128(16 * 8)位,每位都分配了一个位地址,编址为 00H ~ 7FH,如表 2.4 所示。

表 2.4 80C51 单片机位地址表

字节地址	位地址							
	D7	D6	D5	D4	D3	D2	D1	D0
20H	07H	06H	05H	04H	03H	02H	01H	00H
21H	0FH	0EH	0DH	0CH	0BH	0AH	09H	08H
22H	17H	16H	15H	14H	13H	12H	11H	10H
23H	1FH	1EH	1DH	1CH	1BH	1AH	19H	18H
24H	27H	26H	25H	24H	23H	22H	21H	20H
25H	2FH	2EH	2DH	2CH	2BH	2AH	29H	28H
26H	37H	36H	35H	34H	33H	32H	31H	30H
27H	3FH	3EH	3DH	3CH	3BH	3AH	39H	38H
28H	47H	46H	45H	44H	43H	42H	41H	40H
29H	4FH	4EH	4DH	4CH	4BH	4AH	49H	48H
2AH	57H	56H	55H	54H	53H	52H	51H	50H
2BH	5FH	5EH	5DH	5CH	5BH	5AH	59H	58H
2CH	67H	66H	65H	64H	63H	62H	61H	60H
2DH	6FH	6EH	6DH	6CH	6BH	6AH	69H	68H
2EH	77H	76H	75H	74H	73H	72H	71H	70H
2FH	7FH	7EH	7DH	7CH	7BH	7AH	79H	78H

在低 128B RAM 区中，地址为 30H～7FH 的 80 个字节单元为用户 RAM 区，这个区只能按字节存取，用户可在此区域设置堆栈和存储中间数据。

2. 高 128B RAM 区

在 80H～FFH 的高 128B RAM 区中，离散地分布着 21 个特殊功能寄存器，所以又称为特殊功能寄存器区。虽然占据了 128 个单元地址，但系统只定义了其中的部分单元，如累加器 ACC、程序状态字 PSW 等，对未定义的单元进行读/写操作时无意义。

21 个特殊功能寄存器的名称、符号与地址分布如表 2.5 所示，其中字节地址末位为 0 或 8 的特殊功能寄存器还具有位地址。

表 2.5　SFR 的名称及其分布

SFR 名称	符号	位地址/位定义								字节地址
		D7	D6	D5	D4	D3	D2	D1	D0	
B 寄存器	B	F7	F6	F5	F4	F3	F2	F1	F0	(F0H)
累加器 A	ACC	E7	E6	E5	E4	E3	E2	E1	E0	(E0H)
程序状态字	PSW	D7	D6	D5	D4	D3	D2	D1	D0	(D0H)
		CY	AC	F0	RS1	RS0	OV	F1	P	
中断优先级控制	IP	BF	BE	BD	BC	BB	BA	B9	B8	(B8H)
					PS	PT1	PX1	PT1	PX0	
I/O 端口 3	P3	B7	B6	B5	B4	B3	B2	B1	B0	(B0H)
		P3.7	P3.6	P3.5	P3.4	P3.3	P3.2	P3.1	P3.0	
中断允许控制	IE	AF	AE	AD	AC	AB	AA	A9	A8	(A8H)
		EA			ES	ET1	EX1	ET0	EX0	
I/O 端口 2	P2	A7	A6	A5	A4	A3	A2	A1	A0	(A0H)
		P2.7	P2.6	P2.5	P2.4	P2.3	P2.2	P2.1	P2.0	
串行数据缓冲	SBUF									99H
串行控制	SCON	9F	9E	9D	9C	9B	9A	99	98	(98H)
		SM0	SM1	SM2	REN	TB8	RB8	TI	RI	
I/O 端口 1	P1	97	96	95	94	93	92	91	90	(90H)
		P1.7	P1.6	P1.5	P1.4	P1.3	P1.2	P1.1	P1.0	
定时/计数器 1(高字节)	TH1									8DH
定时/计数器 0(高字节)	TH0									8CH
定时/计数器 1(低字节)	TL1									8BH
定时/计数器 0(低字节)	T10									8AH
定时/计数器方式选择	TMOD	GATE	$C/\overline{T}$	M1	M0	GATE	$C/\overline{T}$	M1	M0	89H

续表

SFR 名称	符号	位地址/位定义								字节地址
		D7	D6	D5	D4	D3	D2	D1	D0	
定时/计数器控制	TCON	8F	8E	8D	8C	8B	8A	89	88	(88H)
		TF1	TR1	TF0	TR0	IE1	IT1	IE0	IT0	
电源控制及波特率选择	PCON	SMOD				CF1	CF0	PD	IDL	87H
数据指针高字节	DPH									83H
数据指针低字节	DPL									82H
堆栈指针	SP									81H
I/O 端口 0	P0	87	86	85	84	83	82	81	80	(80H)
		P0.7	P0.6	P0.5	P0.4	P0.3	P0.2	P0.1	P0.0	

表 2.5 中的 A、PSW 等几个特殊功能寄存器在本节的前面已进行了介绍,其余寄存器的功能将在后续的学习中结合应用再做介绍。

对于增强型 52 子系列单片机,在 51 子系列配置的基础上还新增了一个与特殊功能寄存器地址重叠的内部数据存储器空间,地址也为 80H ~ FFH,配置如图 2.9 所示:

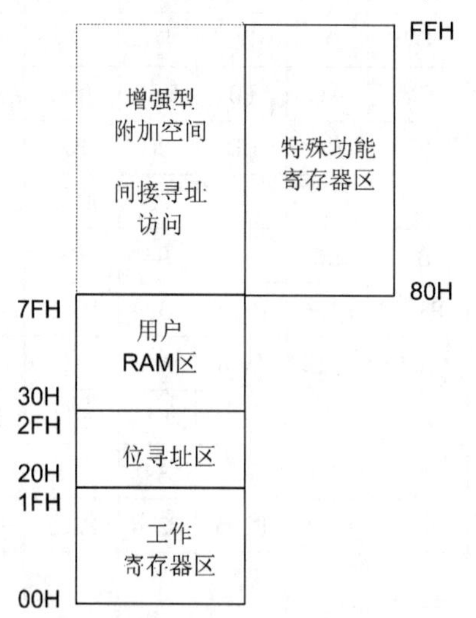

图 2.9　52 系列单片机片内 RAM 的配置

对这一部分数据存储器的访问必须采用寄存器间接寻址方式,旨在与特殊功能寄存器 SFR 的访问相区别,具体内容将在本书 3.2 中进行介绍。

2.3　单片机的复位、时钟与时序

2.3.1　80C51 单片机的复位

单片机在开机时需要复位，以便使 CPU 及其他功能部件处于一个确定的初始状态，并从这个状态开始工作。单片机的工作就是从复位开始的。另外，在单片机工作过程中若出现死机，也必须对单片机进行复位，使其重新开始工作。

复位的条件：RST 引脚加高电平复位信号并保持两个以上机器周期。复位信号变低电平时，单片机便重新开始执行程序。

实际应用中，复位操作有两种基本形式：一种是上电复位，另一种是上电与按键均有效的复位。如图 2.10 所示。

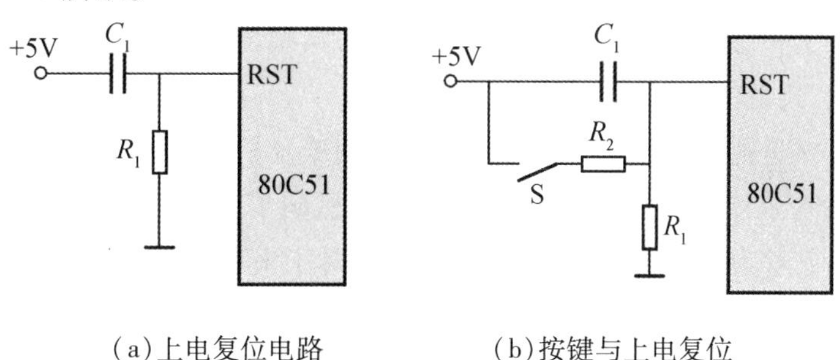

（a）上电复位电路　　　　（b）按键与上电复位

图 2.10　单片机的复位电路

上电复位要求接通电源后，单片机自动实现复位操作。常用的开机复位电路如图 2.10（a）所示。开机瞬间 RST 引脚的电位与 V_{CC} 相同，随着电容 C_1 的充电，RST 引脚的电位将逐渐下降。只要选择合适的电容 C_1 和电阻 R_1，使其 RC 时间常数大于复位时间即可保证上电复位的发生。该电路典型的电阻和电容参数为：晶振频率为 12 MHz 时，C_1 为 10 μF，R_1 为 8.2 kΩ；晶振频率为 6 MHz 时，C_1 为 22 μF，R_1 为 1 kΩ。

开机与按键均有效的复位电路如图 2.10（b）所示。开机复位原理与图 2.10（a）相同，另外，在单片机运行期间，还可以利用按键完成复位操作。

单片机的复位操作使单片机进入初始化状态。初始化后，程序计数器 PC＝0000H，所以程序从 0000H 地址单元开始执行。单片机启动后，片内 RAM 为随机值，运行中的复位操作不改变片内 RAM 的内容。

复位后特殊功能寄存器的状态是确定的。P0～P3 为 FFH，SP 为 07H，IP、IE 和 PCON 的有效位为 0，其余的特殊功能寄存器的状态均为 00H。相应的意义为：

（1）P0～P3＝FFH，相当于各接口锁存器已写入 1，此时不但可用于输出，也可以用于输入；

（2）SP＝07H，堆栈指针指向片内 RAM 的 07H 单元（第一个入栈内容将写入 08H 单元）；

(3)IP、IE 和 PCON 的有效位为 0,各中断源处于低优先级且均被关断,串行通信的波特率不加倍;

(4)PSW =00H,当前工作寄存器为第 0 组。

2.3.2 80C51 **的时钟与时序**

单片机执行指令的过程可分为取指令、分析指令和执行指令三个步骤,每个步骤又是由许多微操作所组成,这些微操作必须在一个统一的时钟控制下才能按照正确的顺序执行,这种微操作执行的时间次序称作时序。单片机的时钟信号用来为单片机芯片内部的各种微操作提供时间基准。

单片机的时钟信号有两种产生方式:内部时钟方式和外部时钟方式。

内部时钟方式是利用单片机芯片内部的振荡电路实现的,如图 2.11(a)所示。此时需要在单片机的 XTAL1 和 XTAL2 引脚外接石英晶体振荡器(简称晶振),图中电容器 C_1 和 C_2 的作用是稳定频率和快速起振,电容值在 5 ~30 pF,典型值为 30 pF。晶振的振荡频率范围为 1.2 ~12 MHz,典型值为 12 MHz 和 6 MHz。

外部时钟方式是把外部已有的时钟信号引入到单片机内,如图 2.11(b)所示。此方式常用于多片 80C51 单片机同时工作,以便于各单片机同步。一般要求外部信号高电平的持续时间大于 20 ns,且为频率低于 12 MHz 的方波。对于采用 CHMOS 工艺的单片机,外部时钟要由 XTAL1 端引入,而 XTAL2 端引脚应悬空。

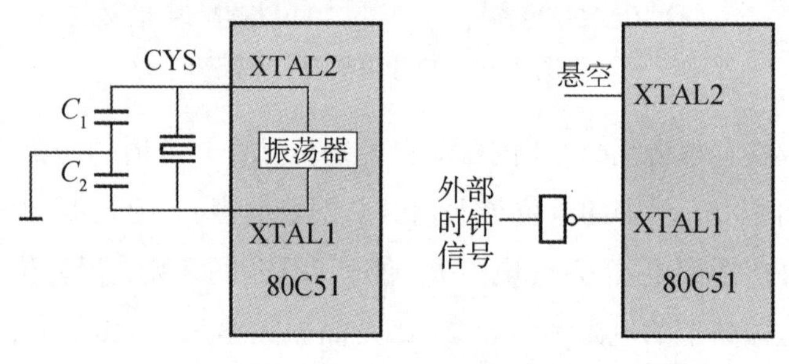

(a)内部时钟方式　　(b)外部时钟方式

图 2.11　80C51 单片机的时钟信号

实际应用中通常采用外接晶振的内部时钟方式,晶振频率高一些可以提高指令执行的速度,但相应的功耗和噪音也会增加,因此在满足系统功能要求的前提下,应选择频率低一些的晶振。

为了便于分析 CPU 的时序,下面介绍几种时钟信号,如图 2.12 所示。

(1)振荡周期。

振荡周期指为单片机提供定时信号的振荡源的周期。振荡周期是 MCS -51 单片机中最小的时钟单位。

(2)时钟周期。

又称为状态周期或状态时间 S,是振荡周期的两倍,它分成 P1 节拍和 P2 节拍,P1 节拍

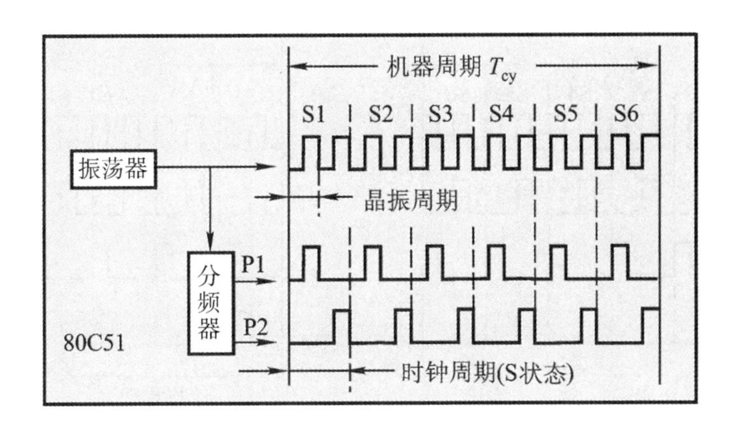

图 2.12　80C51 单片机的时钟信号

通常完成算术逻辑操作,而内部寄存器间传送通常在 P2 节拍完成。

（3）机器周期。

MCS－51 单片机的一个机器周期由 12 个振荡周期组成。每个机器周期由 6 个状态周期(S1～S6)组成,每个状态又分为 2 拍:P1 和 P2。因此,一个机器周期中的 12 个振荡周期表示为 S1P1、S1P2、……、S6P1、S6P2。

（4）指令周期。

执行一条指令所需的时间称为指令周期,通常由 1～4 个机器周期组成。

若外接晶振为 6 MHz	若外接晶振为 12 MHz
振荡周期＝1/6 μs	振荡周期＝1/12 μs
时钟周期＝1/3 μs	时钟周期＝1/6 μs
机器周期＝2 μs	机器周期＝1 μs
指令周期＝2～8 μs	指令周期＝1～4 μs

2.3.3　80C51 的典型时序

1. 单周期指令时序

单字节指令时,时序如图 2.13(a)所示。在 S1P2 把指令操作码读入指令寄存器,并开始执行指令。但在 S4P2 开始读的下一指令的操作码要丢弃,且 PC 不加 1。

双字节指令时,时序如图 2.13(b)所示。在 S1P2 把指令操作码读入指令寄存器,并开始执行指令。在 S4P2 再读入指令的第二字节。单字节指令和双字节指令均在 S6P2 结束操作。

2. 双周期指令时序

对于单字节指令,在两个机器周期之内要进行 4 次读操作,只是后 3 次读操作无效。如图 2.14 所示。

由图中可以看到,每个机器周期中 ALE 信号有效两次,具有稳定的频率,可以将其作为外部设备的时钟信号。

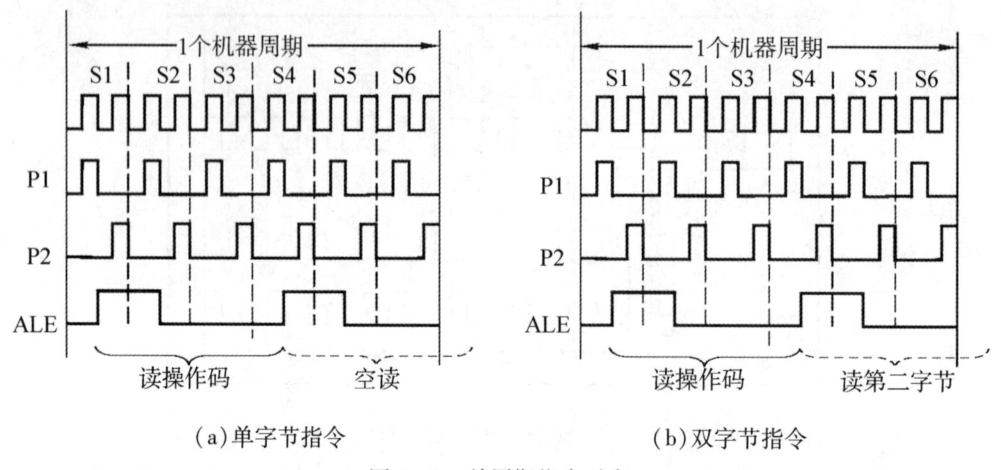

(a)单字节指令　　(b)双字节指令

图 2.13　单周期指令时序

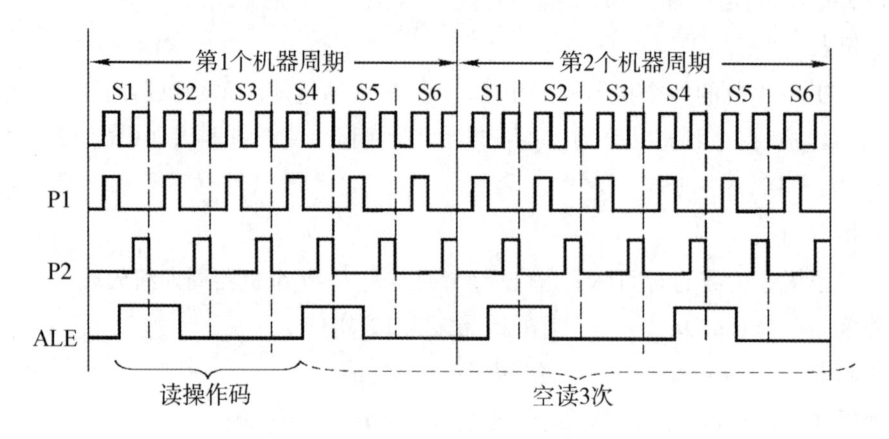

图 2.14　单字节双周期指令时序

应注意的是,在对片外 RAM 进行读/写时,ALE 信号会出现非周期现象,如图 2.15 所示。在第二机器周期无读操作码的操作,而是进行外部数据存储器的寻址和数据选通,所以在 S1P2 ~ S2P1 间无 ALE 信号。

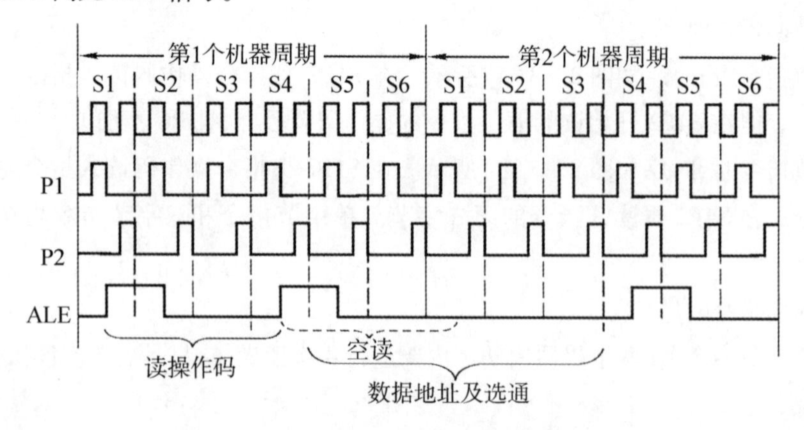

图 2.15　访问外部 RAM 的双周期指令时序

2.4 并行I/O口的结构与操作

MCS－51单片机有4个8位的并行I/O口，分别记做P0、P1、P2和P3。每个端口均由数据输入缓冲器、数据输出驱动及锁存器等组成。每个端口都包含一个同名的特殊功能寄存器，对并行I/O口的控制是通过对同名的特殊功能寄存器的控制来实现的。

P0～P3口是单片机与外部联系的重要通道，4个I/O端口都是具有双向作用的端口，在结构和特性上基本相同，但又存在差异并各具特点。下面将从内部结构及功能较为简单的P1口开始介绍。

2.4.1 P1口

图2.16是P1口其中一位的结构原理图。P1口由8个这样的电路组成，其中8个D触发器构成了可储存8位二进制的P1口锁存器（即特殊功能寄存器P1），字节地址为90H；场效应管T与上拉电阻R组成输出驱动器，以增大P1口驱动负载的能力；三态门1和2在输出和输入时作为缓冲器使用。

P1口作为通用口使用，具有输出、读引脚、读锁存器三种工作方式。

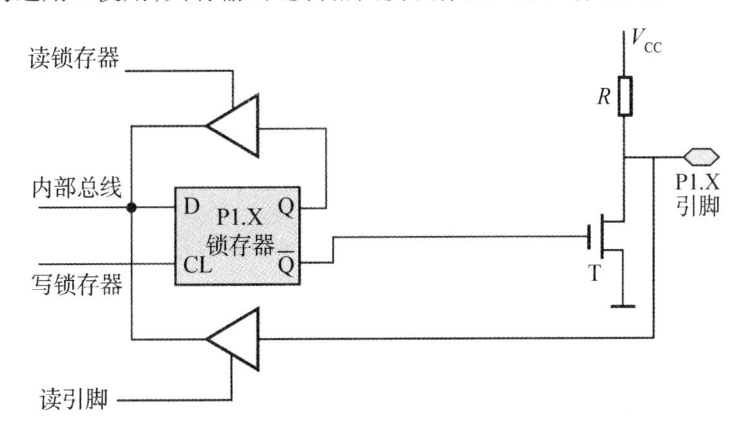

图2.16 P1口的位结构图

1. 输出方式

单片机执行P1口指令，如MOV P1，#data时，P1口工作于输出方式。此时数据经内部总线送入锁存器存储。如果某位的数据为1，则该位锁存器输出端Q＝1→$\overline{Q}$＝0→T截止，从而引脚P1.X上输出高电平；反之，如果数据为0，则Q＝0→$\overline{Q}$＝1→T导通，引脚P1.X上输出低电平。

2. 读引脚方式

单片机执行读P1口指令，如MOV A，P1时，P1口工作于读引脚方式。此时引脚P1.X

上数据经三态门 1 进入内部总线,并送到累加器 A。

在单片机执行读引脚操作时,如果锁存器原来寄存的数据 Q = 0,那么由于 $\overline{Q}$ = 1 将使 T 导通,引脚 P1. X 会被钳位在低电平,此时即使 P1. X 外部电路的电平为 1,从引脚读入的结果也会为 0。为避免这种情况发生,使用读引脚指令前,必须先用输出指令置 Q = 1,目的是要 T 截止。可见,P1 口作为输入口时是有条件的(要先写 1),而输出是无条件的,因此称 P1 口为准双向口。

3. 读锁存器方式

CPU 在执行"读—修改—写"类输入指令(如:ANL P1,A)时,P1 口工作于读锁存器方式。内部产生的"读锁存器"操作信号使锁存器 Q 端数据进入内部数据总线,在与累加器 A 进行逻辑运算之后,结果又送回 P1 口的锁存器并出现在引脚。此时采用读 Q 端而不是 P1. X引脚,这是由于读口锁存器可以避免因外部电路原因使原引脚的状态发生变化造成的误读(例如,用一根口线驱动一个晶体管的基极,在晶体管的射极接地的情况下,当向口线写"1"时,晶体管导通,并把引脚的电平拉低到 0.7V。这时若从引脚读数据,会把状态为 1 的数据误读为"0"。若从锁存器读,则不会读错)。

作输入口时,数据可以读自口锁存器,也可以读自引脚。这要根据输入操作采用的是"读锁存器"指令还是"读引脚"指令来决定。

2.4.2 P0 口

图2.17 是 P0 口中一位的结构原理图。8 个 D 触发器构成了可储存 8 位二进制的 P0 口锁存器(即特殊功能寄存器 P0),字节地址为 80H。P0 口的输出驱动电路由上拉场效应管 T_1 和驱动场效应管 T_2 组成。控制电路包括一个与门、一个非门和一个多路转换开关 MUX,其余组成与 P1 口相同。

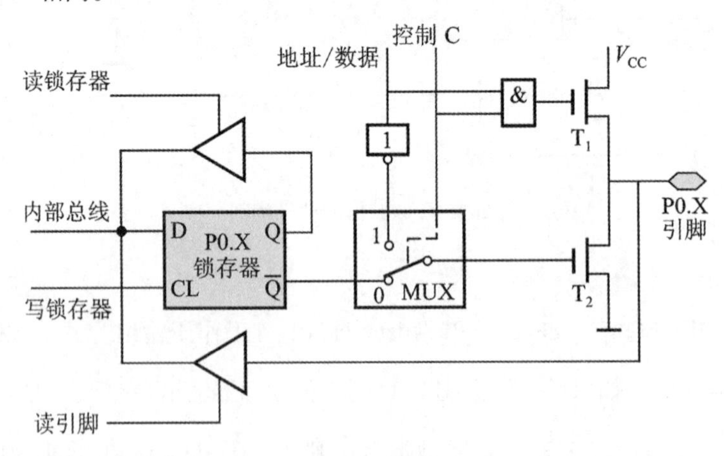

图 2.17 P0 口的位结构

P0 口既可以作为通用的 I/O 口进行数据的输入和输出,也可以作为单片机系统的地址/数据线使用。在 CPU 控制信号的作用下,多路转换开关 MUX 可以分别接通锁存器输出或地址/数据输出。

P0 口作为通用 I/O 口使用时，CPU 使“控制”端保持“0”电平→封锁与门（恒定输出 0）→上拉场效应管 T_1 处于截止状态→T_2 漏极开路；“控制”端为 0 也使多路转换开关 MUX 与$\overline{Q}$接通。此时 P0 口与 P1 口一样，有输出、读引脚和读锁存器 3 种工作方式（分析省略），但由于此时 T_2 的漏极开路，要使“1”信号正常输出，必须外接一个上拉电阻，上拉电阻的阻值一般为 100 Ω－10 kΩ，如图 2.18 所示。

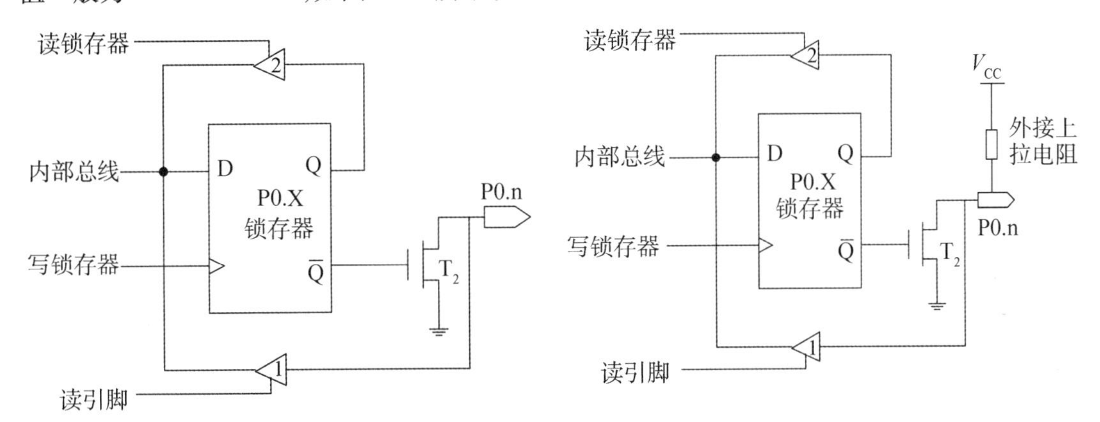

图 2.18　P0 口的通用 I/O 口方式

在 P0 口连接外部存储器时，CPU 使“控制”端保持“1”电平→打开与门（控制权交给“地址/数据端”）；“控制”端为 1 也使多路转换开关 MUX 与非门接通。此时 P0 口工作在地址/数据分时复用方式，引脚 P0. X 的电平始终与“地址/数据”端的电平保持一致，这样就将地址或数据的信号输出了。

在需要输出外部数据时，CPU 会自动向 P0. X 的锁存器写“1”，保证 P0. X 引脚的电平不会被误读，因而此时的 P0 口是真正的双向口。另外，P0 口在“地址/数据”方式下没有漏极开路问题，因此不必外接上拉电阻。

2.4.3　P2 口

图 2.19 是 P2 口其中一位的结构原理图。8 个 D 触发器构成了 P2 口锁存器（即特殊功能寄存器 P2），字节地址为 A0H，与 P1 口相比，P2 口中多了一个多路转换开关 MUX，可以实现通用 I/O 口和地址输出两种功能。

当 P2 口用作通用 I/O 口时，在“控制”端的作用下，多路转换开关 MUX 转向锁存器 Q 端，构成一个准双向口，并具备输出、读引脚和读锁存器 3 种工作方式（分析省略）。

当单片机执行访问片外 RAM 或片外 ROM 指令时，程序计数器 PC 或数据指针 DPTR 的高 8 位地址需由 P2. X 引脚输出。此时，MUX 在 CPU 的控制下转向“地址”线的一端，使“地址”端信号与引脚 P2. X 电平同相变化。

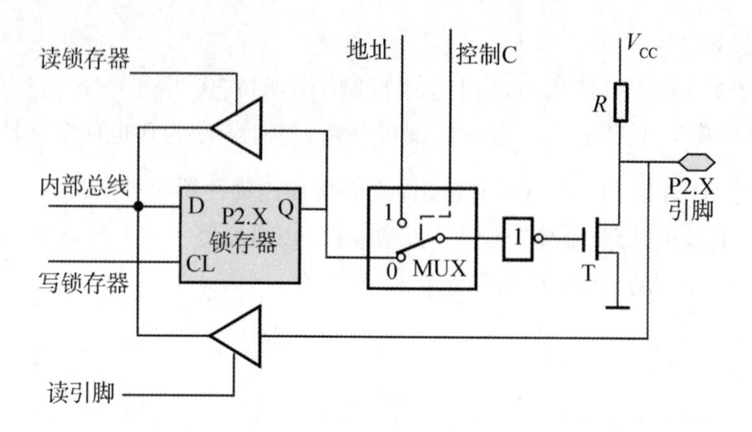

图 2.19　P2 口的位结构

2.4.4　P3 口

图 2.20 是 P3 口中一位的结构原理图。8 个 D 触发器构成了可储存 8 位二进制的 P3 口锁存器(即特殊功能寄存器 P3),字节地址为 B0H;与 P1 口相比,P3 口结构中多了与非门和缓冲器两个元件,除具有通用 I/O 口功能外,还能实现第二功能。

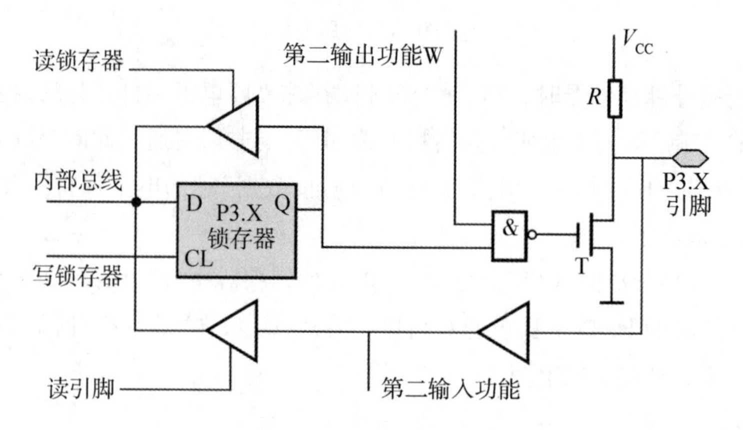

图 2.20　P3 口的位结构

当"第二输出功能"端保持"1"状态时,与非门对锁存器 Q 端是畅通的,P3. X 引脚的输出状态完全由锁存器 Q 端决定。此时,P3 口具有输出、读引脚和读锁存器 3 个通用 I/O 口功能(与 P1 口完全相同)。

当锁存器 Q 端保持"1"状态时,与非门对"第二输出功能"端是畅通的。此时 P3 口工作于第二功能口状态,即 P3. X 引脚的输出电平完全由"第二输出功能"端决定,而"第二输入功能"端得到的则是经由缓冲器的 P3. X 引脚电平。

P3 口的第二功能定义如下,其具体使用方法将结合后续内容再予以介绍。

· P3.0:RXD(串行口输入);

· P3.1:TXD(串行口输出);

· P3.2：$\overline{\mathrm{WR1}}$（外部中断 0 输入）；

· P3.3：$\overline{\mathrm{WR1}}$（外部中断 1 输入）；

· P3.4：T0（定时/计数器 0 的外部输入）；

· P3.5：T1（定时/计数器 1 的外部输入）；

· P3.6：$\overline{\mathrm{WR}}$（片外数据存储器“写”选通控制输出）；

· P3.7：$\overline{\mathrm{RD}}$（片外数据存储器“读”选通控制输出）。

综上所述，P0～P3 口都可以作为准双向通用 I/O 口提供给用户，其中 P1～P3 口无须外接上拉电阻，P0 口需要外接上拉电阻；在需要扩展片外存储器时，P2 口可作为其地址线接口，P0 口可作为其地址/数据线复用接口，此时它是真正的双向口。

任务二 MCS－51 单片机的最小系统设计

单片机又称为微控制器，是一种面向控制的微型计算机。虽然单片机内集成了计算机的基本组成部分，但一片单独的单片机芯片是无法直接应用的。单片机最小系统，或者称为单片机最小应用系统，是指在尽可能少的外部电路的条件下，形成一个可以独立工作的单片机系统。对于 51 系列单片机来说，最小系统一般包括主控芯片（单片机）、时钟电路、复位电路、按键输入、输出显示等。

1. 8051/8751/AT89C51 最小应用系统

以某一种型号的单片机芯片为核心，配备支持单片机正常工作的最少外部电路，就构成单片机最小应用系统。8051/8751/AT89C51 等芯片内部都集成有程序存储器，构成最小应用系统时只需外配时钟电路和复位电路即可工作。该系统不需外扩存储器，芯片的所有 I/O 接口都可以作为输入/输出口使用。由于系统需使用片内程序存储器，所以其$\overline{\mathrm{EA}}$引脚应接高电平。由于这种系统结构过于简单，只能承担非常简单的测控任务。8051/8751/AT89C51 的最小应用系统电路如图 2.21 所示。

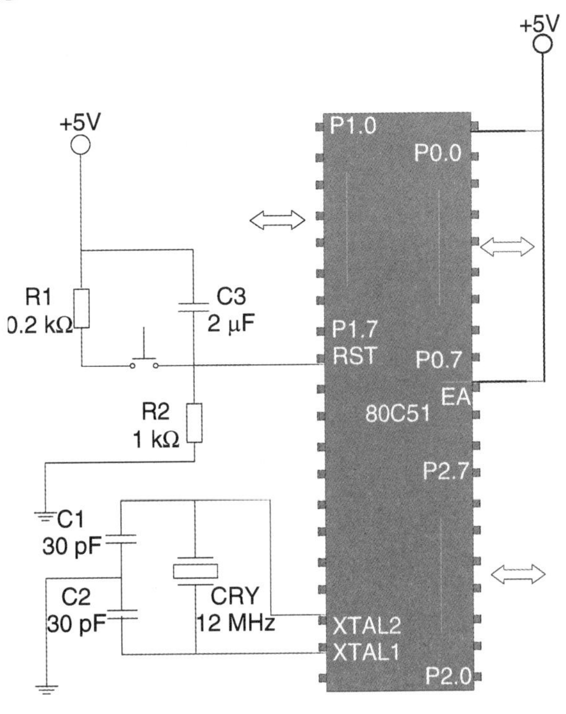

图 2.21 8051/8751/AT89C51 的最小应用系统电路

2. 8031 最小应用系统

8031 单片机片内无 ROM，使用 8031 单片机构成最小系统时，除了需要设计时钟电路和复位电路，还必须有外扩程序存储器，可以采用 EPROM 芯片扩展程序存储器。8031 的最小应用系统电路如图 2.22 所示。

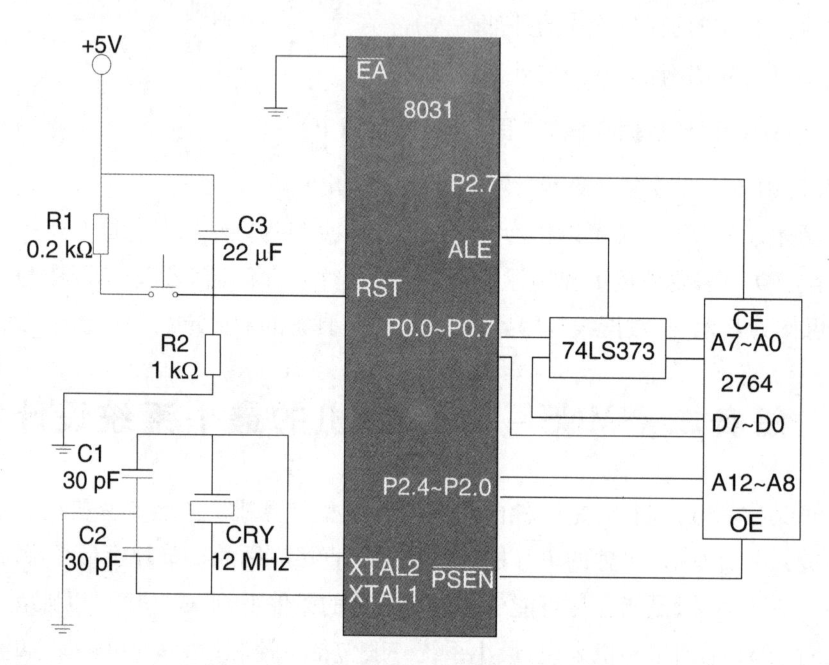

图 2-22　8031 的最小应用系统电路

系统设计中应将$\overline{\text{EA}}$引脚接地，使单片机复位后即从片外程序存储器读取指令。外扩 EPROM2764 时，8031 的 P0 口和 P2 口作为地址总线，P0 口外接地址锁存器(74LS373)，提供低 8 位地址，P2 口提供高 8 位地址，P0 口还被作为数据总线使用。扩展的程序存储器 2764 的$\overline{\text{OE}}$受单片机的程序存储器读控制信号$\overline{\text{PSEN}}$控制。

习　题

一、选择题

1. 在 MCS－51 单片机中，DPTR 和 SP 分别是（　　）的寄存器。

A. DPTR 和 SP 均为 8 位　　B. DPTR 为 8 位，SP 为 16 位

C. DPTR 为 16 位，SP 为 8 位　　D. DPTR 和 SP 均为 16 位

2. 在 MCS－51 单片机中，地址总线和数据总线分别是（　　）条。

A. 均为 8 条　　B. 地址总线为 8 条，数据总线为 16 条

C. 均为 16 位　　D. 地址总线为 16 条，数据总线为 8 条

3. 决定程序执行顺序的寄存器是（　　）。

A. 程序是否有转移指令　　B. 指令地址寄存器 PC

C. 累加器 A　　D. 堆栈指针 SP

4. MCS－51 单片机有（　　）条引脚。

A. 28　　B. 40　　C. 20　　D. 32

5. MCS－51 单片机的一个指令周期包括（　　）个机器周期。

A. 1～4　　B. 6　　C. 12　　D. 2

6. R0～R7 所在的工作寄存器区是由（　　）来选定的。

A. PSW 寄存器的 RS1 和 RS0　　B. CPU

C. 内部数据存贮器　　D. 程序

7. 在 MCS－51 单片机中，PC 的初值和 P0、P1、P2、P3 的初值为（　　）。

A. PC 的初值为 0000H，P0、P1、P2、P3 的初值为 FFH

B. PC 的初值为 0003H，P0、P1、P2、P3 的初值为 00H

C. PC 的初值为 0000H，P0、P1、P2、P3 的初值为 00H

D. PC 的初值为 0003H，P0、P1、P2、P3 的初值为 FFH

二、简答题

1. 决定程序执行顺序的寄存器是哪个？它是几位寄存器？它是特殊功能寄存器吗？

2. DPTR 是什么寄存器？它由哪几个寄存器组成？它的作用是什么？

3. 8051 的工作寄存器分成几个组？每组为多少个单元？8051 复位后，工作寄存器位于哪一组？

4. 8051 单片机的内部数据存贮器可以分为几个不同区域？各有什么特点？

5. MCS－51 单片机的寻址范围是多少？8051 单片机可以配置的存贮器最大容量是多少？

6. 什么叫指令周期？什么叫机器周期？MCS－51 的一个机器周期包括多少时钟周期？

7. 8051 是低电平复位还是高电平复位？复位后，P0 ~ P3 口处于什么状态？

8. 程序状态字 PSW 的作用是什么？常用的状态标志有哪几位？作用是什么？

9. 在程序存储器中，0000H，0003H，000BH，0013H，001BH，0023H 这 6 个单元有什么特定的含义？

10. 若 P1 ~ P3 口作通用 I/O 口使用，为什么把它们称为准双向口？

模块三　单片机的 C51 语言程序设计

本模块介绍 MCS－51 汇编语言程序设计。汇编语言是面向机器的编程语言，虽具有指令效率高、执行速度快、能直接操作单片机系统硬件等优点，但汇编语言属于低级编程语言，程序可读性差及移植性差，编程时必须具体组织、分配存储器资源和处理端口数据，编程工作量较大。

C 语言作为高级程序设计语言，支持多种数据类型，可移植性强，而且也能对硬件直接进行操作。C 语言既有高级语言的特点，又有汇编语言的优点，因此在单片机应用程序设计中得到了广泛的应用。

3.1　C51 语言及程序结构

C51 语言是为 51 系列单片机设计的 C 语言，是在标准 C 语言的基础上针对 51 单片机的存储器硬件结构及内部资源特点进行扩展而成，而在语法规定、程序结构和设计方法上都与标准 C 语言相同，是一种结构化语言。

3.1.1　C51 的程序结构

C51 程序的基本单位是函数，每个 C51 语言程序由一个或多个函数组成。在这些函数中必须包含一个主函数 main( )，也可以包含一个 main( ) 函数和若干个其他的功能函数。主函数是程序的入口，主函数中的所有语句执行完毕，则程序结束。

下面通过一个可以实现 LED 闪烁控制功能的源程序说明 C51 程序的基本结构，电路如图 3.1 所示：

```
#include <reg51.h>            //51 单片机头文件
void delay( );                //延时函数声明
sbit P1_0 = P1^0;             //输出端口定义
main( )                       //主函数
  {
    while(1)                  //无限循环
    {
    P1_0 =0;                  // P1_0 =“0”,LED 点亮
```

```
    delay( );                    //延时
    P1_0 = 1;                    // P1_0 = "1",LED 熄灭
    delay( );                    //延时
    }
  }
void delay( )                    //延时函数
  {
    unsigned char i;             //定义字符型变量 i
    for (i = 200;i > 0;i - - );  //循环延时
}
```

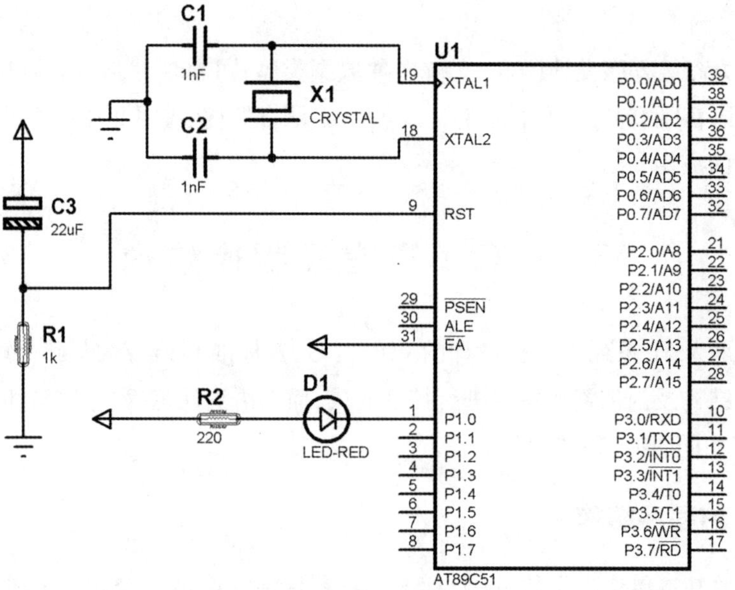

图 3.1　LED 指示灯闪烁电路

由上面的 C51 程序实例不难看出,从数据运算操作、程序控制语句以及函数的使用上来说,C51 语言与标准 C 语言相同,但在数据类型、变量存储模式、输入/输出处理等方面有一定区别,如果程序设计者具备了标准 C 语言的编程基础,只要注意 C51 与标准 C 语言的不同之处,并熟悉 51 单片机的硬件结构,就能很快地掌握 C51 的编程,因此和标准 C 语言相同的内容这里不再介绍,本模块只重点介绍 C51 与标准 C 有区别的地方。

C51 与标准 C 语言的主要区别如下:

(1)C51 中定义的库函数和标准 C 语言定义的库函数不同。标准 C 语言中的部分库函数不适合于嵌入式控制器系统,被排除在 C51 之外,如字符屏幕和图形函数。有些函数可以继续使用,但这些库函数都必须针对 51 单片机的硬件特点进行相应开发。例如库函数 printf 和 scanf,在标准 C 语言中用于屏幕打印和接收字符,而在 C51 中主要用于串行口数据的收发。

(2)数据类型有一定的区别。C51 在标准 C 语言的基础上又扩展了 bit、sbit、sfr 和 sfr16 这 4 种数据类型。通过这 4 种数据类型就可实现对 51 单片机的特殊功能寄存器以及位变量进行定义和访问。

(3)C51 变量的存储模式与标准 C 语言中变量的存储模式不同。标准 C 语言是为通用计算机设计的,通用计算机中只有一个程序和数据统一编址的内存空间,而 C51 中的变量存储模式与单片机的存储器紧密相关。

(4)数据存储类型的不同。51 单片机存储区可分为内部数据存储区、外部数据存储区以及程序存储区。

(5)C51 与标准 C 语言的输入输出处理不同,C51 中的输入/输出是通过单片机的串行口来完成的,输入/输出指令执行前必须对串行口进行初始化。

(6)C51 函数对标准 C 语言进行了扩展。标准 C 语言没有处理单片机中断的定义,C51 中增加了专门的中断函数。

3.2　C51 的数据结构

3.2.1　C51 的变量

程序执行过程中其值可以改变的量称为变量。在 C51 程序中使用变量之前必须先进行定义,指出变量的数据类型和存储器类型,以便编译系统为它分配相应的存储单元。变量定义的格式如下:

[存储种类]　数据类型　[存储类型]　变量名表;

从 C51 变量定义的格式可以看出变量具有 4 大要素,定义格式中除了数据类型和变量名表是必要的,其他都是可选项。以下按照 4 大要素的顺序进行介绍。

1. 存储种类

存储种类是指变量在程序执行过程中的作用范围。C51 变量的存储种类有 4 种,分别是自动(auto)、外部(extern)、静态(static)和寄存器(register)。

(1) auto　使用 auto 定义的变量称为自动变量,其作用范围在定义它的函数体或复合语句内部,当定义它的函数体或复合语句执行时,C51 才为该变量分配内存空间,当函数调用结束返回或复合语句执行结束时,自动变量所占用的内存空间释放。自动变量一般分配在内存的堆栈空间中。定义变量时若省略存储种类,该变量则默认为自动(auto)变量。

(2) extern　使用 extern 定义的变量称为外部变量。在一个函数体内要使用一个已在该函数体外或别的程序中定义过的外部变量时,该变量在该函数体内要用 extern 说明。外部变量被定义后分配固定的内存空间,在整个程序执行时间内都有效,直到程序结束才释放。

(3) static　使用 static 定义的变量称为静态变量。它又分为内部静态变量和外部静态变量。在函数体内部定义的静态变量为内部静态变量，它在对应的函数体内有效，一直存在，但在函数体外不可见，这样不仅使变量在定义它的函数体外被保护，还可以实现当离开函数时值不被改变。外部静态变量是在函数外部定义的静态变量。它在程序中一直存在，但在定义的范围之外是不可见的。如在多文件或多模块处理中，外部静态变量只在文件内部或模块内部有效。

（4）register　使用 register 定义的变量称为寄存器变量。它定义的变量存放在 CPU 内部的寄存器中，处理速度快，但数量少。C51 编译器编译时能自动识别程序中使用频率最高的变量，并自动将其作为寄存器变量，用户可不必专门声明。

2. 数据类型

（1）C51 支持的基本数据类型。

数据是单片机操作的对象，是具有一定格式的数字或数值。数据的格式称为数据类型。标准 C 语言中基本数据类型为 int、long、float、double 和 char。针对 51 单片机的硬件特点，在标准 C 语言的基础上扩展了 4 种数据类型。C51 支持的基本数据类型如表 3.1 所示。C51 与标准 C 语言相同的数据类型这里不再详细介绍，下面只重点介绍 C51 扩展的特殊数据类型。

表 3.1　C51 支持的基本数据类型

数据类型		长度	取值范围
字符型（char）	unsigned char	单字节	0 ~ 255
	signed char	单字节	-128 ~ +127
整型（int）	unsigned int	双字节	0 ~ 65536
	signed int	双字节	-32768 ~ +32767
长整型（long）	unsigned long	4 字节	0 ~ 4294967295
	signed long	4 字节	-2147483648 ~ +2147483647
浮点型（float）	float	4 字节	$10^{-38} \sim 10^{38}$
	double	8 字节	$10^{-308} \sim 10^{308}$
指针型	普通指针 *	1 ~ 3 字节	0 ~ 65535
位型	bit		0 或 1，位变量
可位寻址型	sbit		可进行位寻址的特殊功能寄存器的某位的绝对地址
特殊功能寄存器型	sfr		0 ~ 255，特殊功能寄存器（8 位）
	sfr16		0 ~ 65535 特殊功能寄存器（16 位）

为了更有效地利用 51 单片机的多种内部寄存器，C51 在标准 C 的基础上扩展了 4 种数据类型 bit、sbit、sfr 和 sfr16，通过这 4 种数据类型就可实现对 51 单片机的特殊功能寄存器以及位变量进行定义和访问。

①bit 位型。

bit 位型是 C51 扩充的一种数据类型，bit 位类型符用于定义一般的位变量，语法格式为：

bit　位变量名［=0 或 1］；

上述格式中 bit 是关键字，位变量名应遵守变量名的命名规则，其用法类似于 C 语言语句 int x 中的关键字 int 和变量名 x。例如：

```
bit a=0;              //定义一个名为 a 的位变量且赋初值为 0
```

②sbit 位寻址型

sbit 位寻址型用于定义在可位寻址字节或特殊功能寄存器中的位，定义时需指明其位地址，可以是直接位地址，也可以是可位寻址变量带位号，也可以是特殊功能寄存器名带位号。定义方法如下：

a）sbit 位变量名=位地址；

将位的绝对地址赋给位变量名，位地址必须位于 0x80～0xFF。例如：

```
sbit  CY=0xD7;        //将位的绝对地址赋给变量
```

b）sbit 位变量名=SFR 名称^位号；

当可寻址位位于特殊功能寄存器中时可采用这种方法。其中，SFR 名称必须是已定义的 SFR 的名称，位号是介于 0～7 的常数。例如：

```
sfr   PSW=0xD0;
sbit  CY=PSW^7;       //定义 CY 位为 psw.7，位地址为 0xD7
```

c）sbit 位变量名=字节地址^位位置；

这种方法中字节地址必须在 0x80～0xFF 之间。位号是介于 0～7 的常数。例如：

```
sbit  CY=0xD0^7;      //将位的相对地址赋给变量
```

sbit 和 bit 的区别：sbit 定义特殊功能寄存器中的可寻址位；而 bit 则用来定义一般的位变量。

③sfr 特殊功能寄存器型。

51 系列单片机片内 RAM 区的高 128 字节内离散地分布着 21 个特殊功能寄存器（SFR），字节地址为 80H～FFH，C51 中允许用户对这些特殊功能寄存器进行访问，访问时需通过 sfr 或 sfr16 类说明符进行定义，定义时需指明它们所对应的片内 RAM 单元的地址，定义格式如下：

sfr 或 sfr16　特殊功能寄存器名=地址常数；

“=”后面必须是常数，且数值范围必须在特殊功能寄存器地址范围内，即位于 0x80～0xFF 之间。例如：

```
sfr  P0=0x80;         //定义 P0 口地址 80H
```

注：sfr 用于对 MCS-51 单片机中单字节的特殊功能寄存器进行定义，sfr16 用于对双字节特殊功能寄存器进行定义（定义的地址必须是 16 位 SFR 的低端地址），特殊功能寄存器名一般用大写字母表示。地址一般用直接地址形式。

例如：

```
sfr16  DPTR=0x82;  //定义 DPTR，其中 DPL=82H，DPH=83H
```

为了用户处理方便,C51 编译器把 MCS-51 单片机常用的特殊功能寄存器和特殊位进行了定义,放在“reg51.h”或“reg52.h”的头文件中。当用户要使用时,只需要用一条预处理命令#include <reg51.h>把这个文件包含到程序中,然后就可以使用特殊功能寄存器名和特殊位名称了。

(2)自定义简化形式的数据类型。

与标准 C 语言不同,C51 在定义变量 unsigned ××× 时不能省略 unsigned。所以在编程时,为了输入方便,我们可以自定义简化形式的数据类型。其方法是在源程序开头使用#define 语句自定义简化的数据类型标识符。例如:

```
#define  uchar  unsigned char;
#define  uint   unsigned int;
```

这样,在编程中就可以用 uchar 代替 unsigned char,用 uint 代替 unsigned int 来定义变量了。

3. 存储器类型

通过前面的学习我们知道 51 系列单片机具有 3 个逻辑存储空间,分别为片内低 128 B RAM、片外 64 KB RAM 和片内外统一编址的 64 KB ROM,对于 8052 型单片机还有片内高 128 B RAM 空间。存储器类型用于指明变量所处的单片机的存储器区域情况。这些存储空间与存储器类型的对应关系及 C51 编译器能识别的存储器类型如表 3.2 所示。

表 3.2 C51 的存储类型与存储空间对应关系

存储器类型	存储空间	字节地址	描 述
data	片内低 128 B 存储区	00H ~ 7FH	访问速度快,可作为临时或常用变量存储区
bdata	片内可位寻址存储区	20H ~ 2FH	允许字节和位混合访问
idata	片内高 128 B 存储区	80H ~ FFH	只有 52 系列才有
pdata	片外 RAM	00H ~ FFH	常用于外部设备访问
xdata	片外 64 KB RAM	0000H ~ FFFFH	常用于存放等待处理的数据
code	程序存储器 ROM	0000H ~ FFFFH	常用于存放数据、表格等固定信息

定义变量时也可以省略“存储器类型”,省略时 C51 编译器将根据存储模式默认存储器类型。C51 编译器支持的存储模式有 SMALL 模式、COMPACT 模式、LARGE 模式,3 种编译模式及默认存储类型如表 3.3 所示。

表 3.3 3 种编译模式的特点

编译模式	默认存储类型	特 点
SMALL	data	访问数据的速度最快,但存储容量小,难以满足需要定义较多变量的场合
COMPACT	pdata	介于两者之间,且受片外 RAM 的容量限制
LARGE	xdata	存储容量较大,适合需要定义较多变量的场合,但访问数据的效率不高

4. 变量名

变量名是 C51 为区分不同变量而取的名称。C51 规定变量名由字母、数字和下划线三种字符组成，且第一个字符必须为字母或下划线，普通变量名和指针变量名的区别是指针变量名前面要带“ * ”号。

注意：

①大写的变量和小写的变量是不同的变量，如 SUM 和 sum。习惯上变量用小写表示。

②变量名除了要避免使用标准 C 语言的 32 个关键字外，还应避免使用 C51 扩展的新关键字。C51 扩展的新关键字共 21 个，如表 3.4 所示。

表 3.4　C51 扩展的 21 个关键字

C51 扩展的关键字			
_at_	data	_priority_	_task_
alien	far	reentrant	using
bdata	idata	sbit	xdata
bit	interrupt	sfr	
code	large	sfr16	
compact	pdata	small	

3.2.2　C51 的指针

标准 C 语言指针的一般定义格式为：

数据类型　 * 指针变量名；

其中，“ * ”说明其后的变量是指针变量，它指向一个由“数据类型”说明的变量。被指向变量和指针变量都位于 C 编译器默认的存储区中。例如：

```
int a = 'A';
int * P1 = &a;
```

这表示 P1 是一个指向 int 型变量的指针变量，此时 P1 的值为 int 型变量 a 的地址，而 a 和 P1 两个变量都位于 C 编译器默认的内存区域中。

对于 C51 来讲，指针定义时还应包含指针变量自身位于那个存储区中及被指向变量位于那个存储区中的信息，故 C51 指针的一般定义形式为：

数据类型　[存储类型 1]　 * [存储类型 2]　指针变量名；

其中，“数据类型”是被指向变量的数据类型，如 int 型或 char 型等。“存储类型 1”是被指向变量所在的存储区类型，如 data、code、xdata 等，缺省时根据该变量的定义语句确定。“存储类型 2” 是指针变量所在的存储区类型，如 data、code、xdata 等，缺省时根据 C51 编译模式的默认值确定。“指针变量名”可按 C51 变量名的规则选取。

下面举几个具体的例子（假定都是在 SMALL 编译模式下），说明 C51 指针定义的用法。

【例3.1】

```
char xdata a ='A';
char * ptr =&a;
```

解:在这个例子里,ptr是一个指向char型变量的指针变量,它本身位于SMALL编译模式默认的data存储区之内,它的值是位于xdata存储区里的char型变量a的地址。

【例3.2】

```
char xdata a ='A';
char * ptr =&a;
char idata b ='B';
ptr =&b;
```

解:在这个例子里,前两句与例3.1相同。而后两句,由于变量b位于idata存储区中,所以当执行完ptr =&b之后,ptr的值是位于idata存储区里的char型变量b的地址。

从此可以看出,以char * ptr形式定义的指针变量,其数值既可以是位于xdata存储区的char型变量的地址,也可以是位于idata存储区的char型变量的地址,具体结果由赋值操作关系决定。

【例3.3】

```
char xdata a ='A';
char xdata * ptr = &a;
```

解:这里变量a是位于xdata存储区里的char型变量,而ptr是位于data存储区且固定指向xdata存储区的char型变量的指针变量,此时ptr的值为变量a的地址(不能像例3.2那样,再将idata存储区的char型变量b的地址赋予ptr)。

【例3.4】

```
char xdata a ='A';
char xdata * idata ptr = &a;
```

解:此定义表示ptr是固定指向xdata存储区的char型变量的指针变量,它自身存放在idata存储区中,此时ptr的值位于xdata存储区中的char型变量a的地址。

3.2.3 C51语言中的中断服务函数

标准C语言没有处理单片机中断的定义,C51编译器支持在C源程序中直接编写中断程序。为了能进行51单片机的中断处理,C51编译器对函数的定义进行了扩展,增加了一个扩展关键字interrupt,使用interrupt可以将一个函数定义为中断服务函数。

中断服务是针对中断源的具体要求进行设计的,不同中断源的服务内容及要求各不相同,故中断函数必须由用户自己编写,但中断服务函数的定义格式是统一的。C51语言中中断服务函数定义的语法格式如下:

函数类型 函数名([参数])interrupt n [using n]

```
{
  …
}
```

格式中的 interrupt 和 using 都是 C51 的关键字，interrupt 表示此函数是一个中断函数，整数 n 是与中断源对应的中断号，对于 51 单片机，n = 0 ~ 4。80C51 单片机常用中断源、中断号和中断向量如表 3.5 所示。

表 3.5　80C51 单片机常用中断源、中断号和中断向量

中断源	中断号 n	中断向量
外部中断 INT0	0	0003H
定时/计数器 T0	1	000BH
外部中断 INT1	2	0013H
定时/计数器 T1	3	001BH
串行口中断	4	0023H

在 C51 中使用中断服务函数时，应注意以下几点：

(1) 中断函数只能由系统调用，不能被其他函数调用。

(2) 中断函数既没有返回值，也没有调用参数。

(3) 在中断函数中调用其他函数，两者使用的寄存器组应相同。

(4) 关键字 interrupt 和 using 的后面都不允许跟带运算符的表达式。

3.2.4　C51 库函数

C51 语言的强大功能及其高效率在于提供了丰富的可直接调用的库函数。库函数可以使程序代码简单、结构清晰、易于调试和维护。

下面介绍几类重要的库函数。

1. 访问 SFR 和 SFR_bit 地址的库函数 reg × ×. h

头文件 reg × ×. h 中定义了 51 单片机中所有的特殊功能寄存器(SFR)名，常用的 C51 编译器都应该包含此文件。reg51. h 中包含所有的 8051 的 sfr 及其位定义，reg52. h 中包含所有的 8052 的 sfr 及其位定义。

2. 内部库函数 intrins. h

汇编语言有丰富的移位指令，而 C51 中只有简单的左移和右移指令。C51 的内部函数包含了汇编语言中的各种移位功能。使用时必须包含头文件 intrins. h。这些内部函数原型及功能说明如表 3.6 所示。

表3.6 C51内部库函数 intrins. h

函　数	原　型	说　明
crol	unsigned char_crol_	字符型变量循环左移n位
irol	unsigned int_irol_	整型变量循环左移n位
lrol	unsigned int_lrol_	长整型变量循环左移n位
cror	unsigned char_cror_	字符型变量循环右移n位
iror	unsigned int_iror_	整型变量循环右移n位
lror	unsigned int_lror_	长整型变量循环右移n位
nop	void_nop_	空操作
testbit	bit_testbit_	测试字节中的一位是否为零

3. 输入/输出流函数 stdio. h

输入/输出流函数位于 stdio. h 中,它们通过51系列单片机的串行接口读写数据,如果希望支持其他I/O口,比如改为LCD显示,只要找到lib目录中的getkey. c及putchar. c源文件,修改其中的getkey()函数和putchar()函数,然后在库中替换它们即可。

任务三　KEIL软件的使用及流水灯设计

I/O口是单片机最重要的系统资源之一,也是单片机连接外围设备的通道。下面以发光二极管、开关、数码管等典型I/O设备为例介绍单片机I/O口的基本应用。这样一方面可使读者在学习单片机部分原理之后能及早了解单片机的相关应用;另一方面可使读者在具体实例分析过程中能逐渐熟悉并掌握C51语言编程方法。

1. 基本输入/输出单元介绍

(1)发光二极管(简称LED)具有电路简单、寿命长、响应快等特点,它是单片机应用系统最为常用的输出设备之一。发光二极管与单片机接口可以采用低电平驱动和高电平驱动两种方式。图3.2为低电平驱动,I/O端口输出"0"电平可使其点亮,反之输出"1"电平可使其关断。图3.3为高电平驱动,点亮电平和关断电平分别为"1"和"0"。最简单的发光二极管接口形式是通过将限流电阻R直接挂在I/O口线上实现的,限流电阻通常取100 Ω ~ 1 kΩ。

大部分人习惯采用图3.2电路的原因有两个:

一是单片机复位后,P0 ~ P3口均输出高电平(复位后P0 ~ P3默认为FFH),在图3.3电路中,系统上电或没有执行对P1口操作的指令,则LED将全部被点亮。

二是采用图3.2电路,二极管导通时,电流流入单片机,此时称灌电流;而采用图3.3电路,二极管导通时,电流流出单片机,此时称拉电流。单片机灌电流的能力远远大于拉电流的能力,所以在图3.3电路中必须加上驱动电路,才能保证LED的亮度。

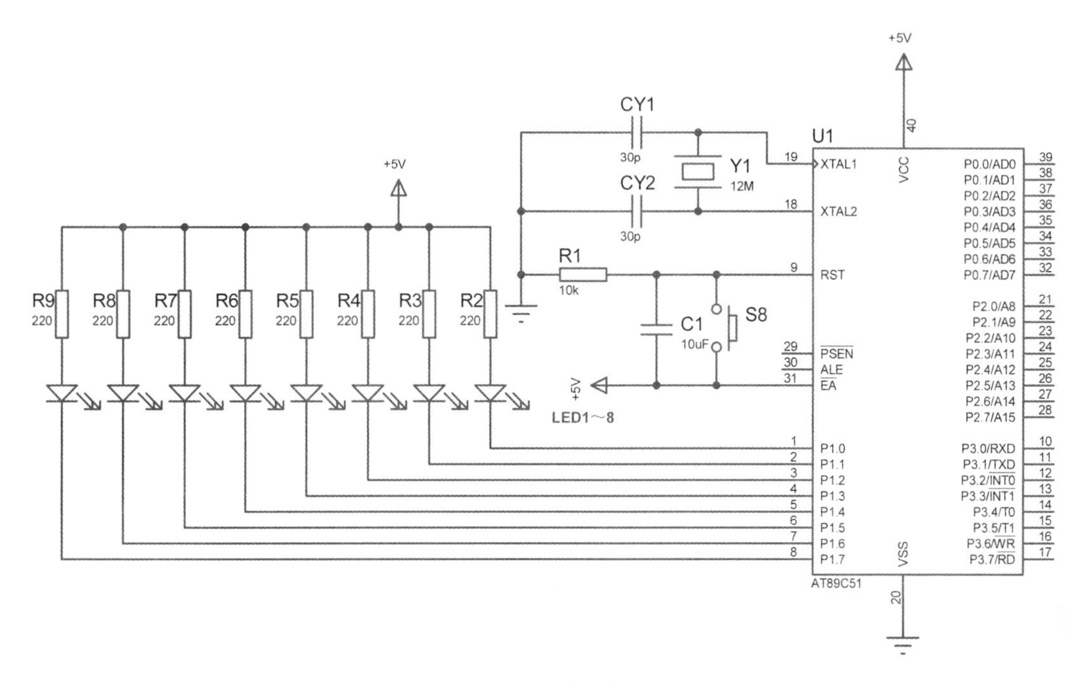

图 3.2　低电平驱动 LED

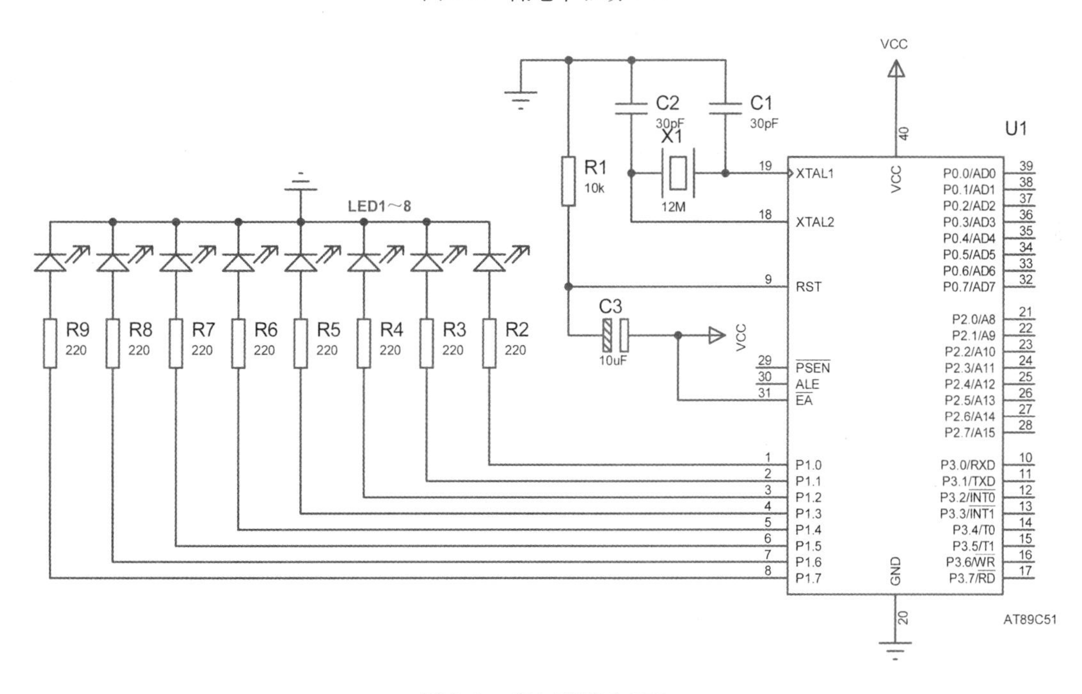

图 3.3　高电平驱动 LED

(2)LED 数码管是由发光二极管组成的显示器件,它是单片机应用系统最为常用的输出设备之一。最常用的是七段 LED 显示器,这种显示器由 8 个发光二极管(7 个笔画段 +1 个小数点)组成,简称数码管。当数码管的某个发光二极管导通时,相应的笔画(长称为段)就发光。控制不同的发光二极管的导通就能显示出所要求的字符,如图 3.4 所示。

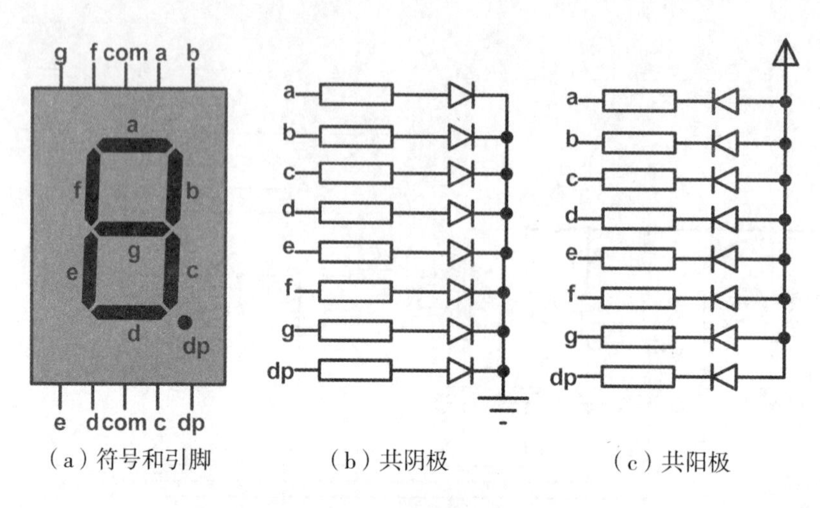

（a）符号和引脚　　（b）共阴极　　（c）共阳极

图 3.4　LED 数码管

在数码管内部，通常将 8 个发光二极管的阴极或阳极连在一起作为公共端，这样可以使驱动电路简单，将阴极连在一起的称为共阴极数码管，用高电平驱动数码管各段的阳极，其 com 端接地；将阳极连在一起的称为共阳极数码管，用低电平驱动数码管各段的阴极，其 com 端接 +5V。

要想显示某字形就要使此字形的相应笔画段点亮，即要送一个用不同电平组合的数据至数码管，这种装入数码管的数据编码简称为字形码。共阴极显示器与共阳极显示器的字形码是逻辑非的关系。常用字符字形码如表 3.7 所示。

表 3.7　8 段 LED 数码管字形码

显示字符	共阴极代码	共阳极代码	显示字符	共阴极代码	共阳极代码
0	3FH	C0H	9	6FH	90H
1	06H	F9H	A	77H	88H
2	5BH	A4H	B	7CH	83H
3	4FH	B0H	C	39H	C6H
4	66H	99H	D	5EH	A1H
5	6DH	92H	E	79H	86H
6	7DH	82H	F	71H	84H
7	07H	F8H	灭	00H	FFH
8	7FH	80H			

（3）按键或开关是最基本的输入设备，通常直接与单片机 I/O 口线连接，如图 3.5 所示。当按键或开关闭合时，对应的口线的电平就会发生反转，CPU 通过读端口电平即可识别是哪个按键或开关闭合。需要注意的是，P0 口工作在 I/O 口方式时，其内部结构为漏极开路状态，因此与按键或开关接口时需要有上拉电阻，而 P1 ~ P3 口均不存在这一问题，故不需要上拉电阻（如图 3.5PX.n 端口）。

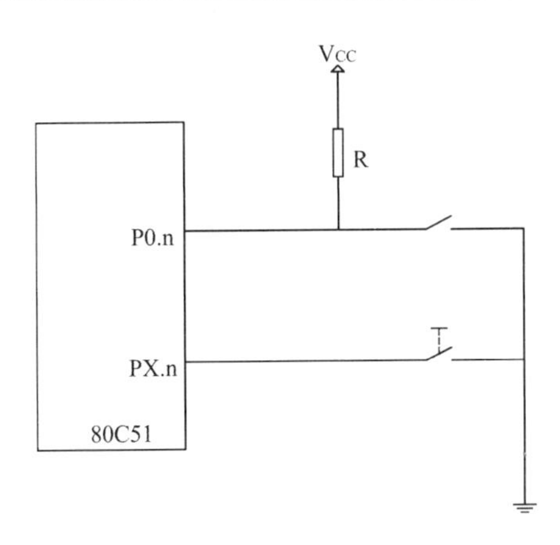

图 3.5　按键或开关与单片机的简单接口

上面介绍了一些常用的输入输出设备,下面将按由易到难的顺序介绍几个典型实例,使我们对 C51 编程进一步熟悉。

【实例一】闪烁的 LED

单片机 P2.0 引脚连接 LED,程序按设定的时间间隔取反 P2.0,使 LED 按固定的时间间隔持续闪烁,电路如图 3.6 所示

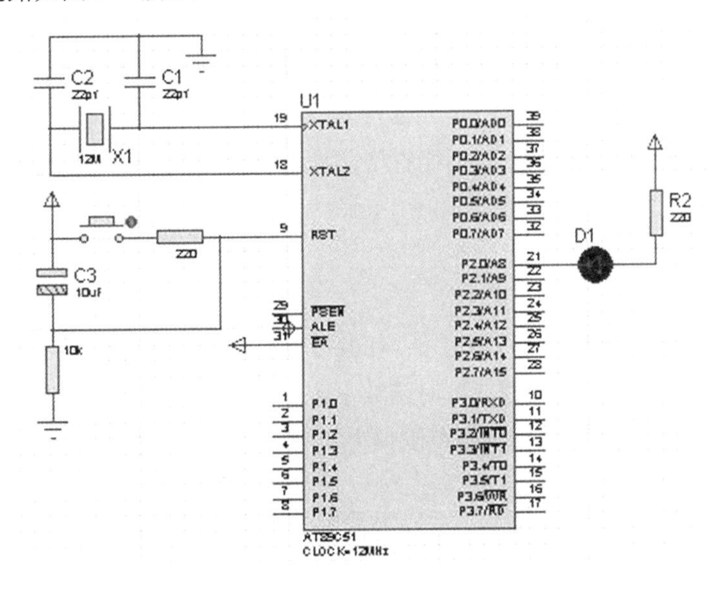

图 3.6　闪烁的 LED 电路

参考源程序代码如下:

```
//  名称: 闪烁的 LED
//  说明: LED 按设定的时间间隔闪烁
#include      <reg51.h>
#define       INT8U      unsigned char
#define       INT16U     unsigned int
```

```
sbit LED = P2^0;                //LED 连接在 P2.0 引脚
// 延时函数
void delay_ms(INT16U x)
{
INT8U t; while(x--)   for(t=0;t<120;t++);
}

// 主程序
void main()
{
  while(1)
   {
     LED = ~LED;                //取反,形成 LED 闪烁效果
     delay_ms(150);             // 延时
   }
}
```

程序设计与调试。

(1)关于头文件 reg51.h。

源程序中包含的头文件 reg51.h 不能省略,因为 Keil C 认为 P2 是未定义的标识符,将导致编译时出错。

(2)延时函数设计。

本例中的延时函数代码为:

```
void delay_ms(INT16U x)   {INT8U t; while(x--)   for(t=0;t<120;t++);}
```

要改变 LED 的闪烁频率,可修改延时函数参数,参数类型为 INT16U,其取值范围为 0 ~ 65535,如果参数类型为 INT8U,则取值范围仅为 0 ~ 255。

(3)延时函数设计。

仿真运行实例过程中,观察到的引脚状态颜色可能有以下 4 种:

红色:表示高电平(1);

蓝色:表示低电平(0);

灰色:表示高阻状态;

黄色:表示出现逻辑冲突;

【实例二】流水灯

单片机 P2 端按共阴方式连接 8 只 LED,程序运行时 LED 上下双向循环滚动点亮,产生走马灯效果。电路如图 3.7 所示。

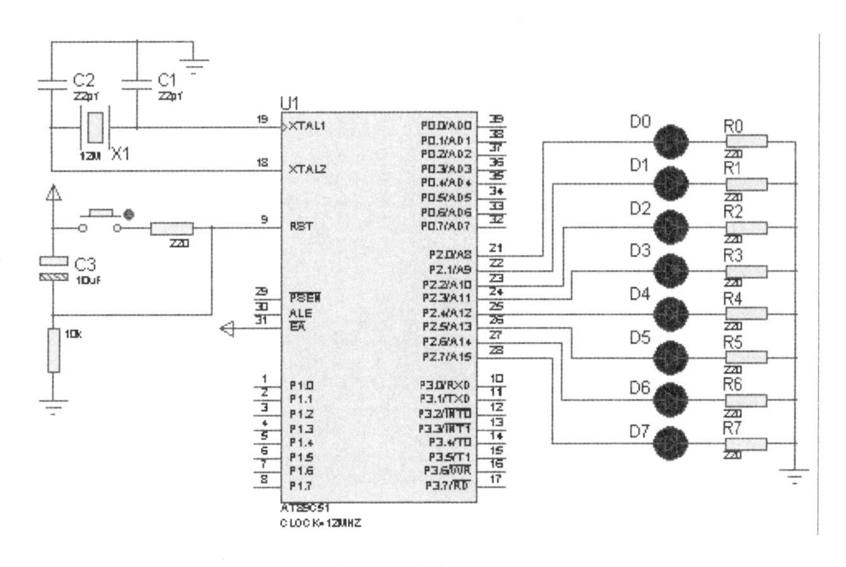

图 3.7　流水灯电路

参考源程序代码如下：

```
//  名称：八只 LED 双向来回点亮
//  说明：程序利用循环移位函数_crol_和_cror_形成 LED 来回滚动显示效果
#include <reg51.h>
#include <intrins.h>
#define INT8U unsigned char
#define INT16U unsigned int
// 延时
void delsy_ms(INT16U x)
{
  INT8U t; while(x--)   for(t=0;t<120;t++);
}
// 主程序
void main()
{
  INT8U i;
  P2=0x01;
  delsy_ms(150);
  while(1)
   {
    for(i=0;i<7;i++)
     {
```

```
    P2 = _crol_(P2,1);
    delsy_ms(60);
  }
 for(i = 0;i < 7;i + + )
  {
    P2 = _cror_(P2,1);
    delsy_ms(200);
  }
 }
}
```

(1)程序设计与调试。

8 只 LED 连接在 P2 端口,LED 阳极连接 P2,阴极通过限流电阻接地,程序将 P2 端口初值设为 0x01(00000001),由于电路中 LED 是共阴连接的,初值会使最上面的第 0 只 LED 被点亮。当 00000001 向左循环移位时,可使 8 只 LED 形成循环走马灯效果。循环左移由函数_crol_完成,要注意添加头文件 intrins. h。

(2)拓展提高。

①改用共阳接法,仍实现走马灯效果。

②将 8 只 LED 改接到其他端口,重新设计程序实现同样的功能。

【实例三】数码管循环显示 0 ~ 9

80C51 单片机 P0 口的 P0.0 ~ P0.7 引脚连接到共阴极数码管上,使之循环显示 0 ~ 9。电路如图 3.8 所示。

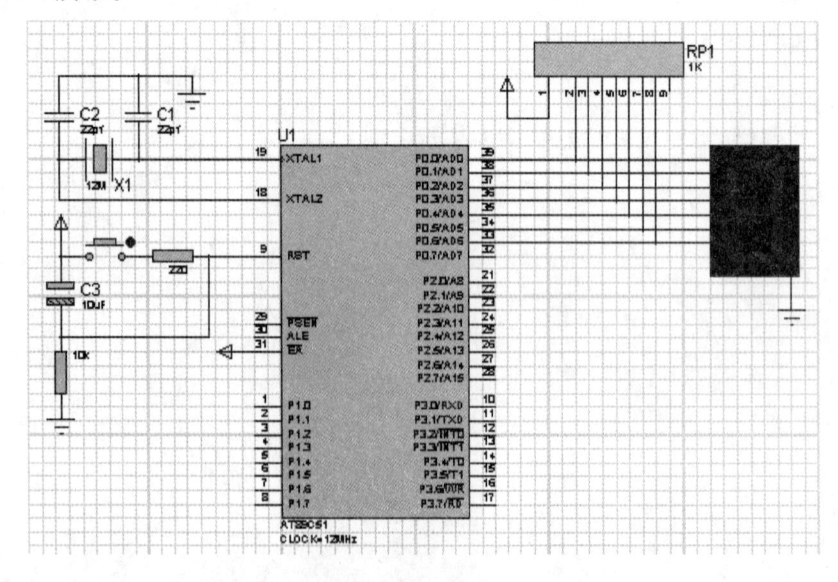

图 3.8 数码管循环显示 0 ~ 9 电路图

【**分析**】编程原理分析：

数码管的显示字模与显示数值之间没有规律可循，常用做法是：将字模按显示值大小顺序存入一组数组中，例如，数值 0 ~9 的共阴极字模数组为 led_mod [ ] ={0x3F,0x06,0x5B,0x4F,0x66,0x6D,0x7D,0x07,0x7F,0x6F}。使用时，只需将待显示值作为该数组的下标变量即可取得相应的字模。顺序提取 0 ~9 的字模并送 P0 口输出，便可实现题意要求的功能。参考源程序代码如下：

```
//  名称：分立式数码管循环显示 0 ~9
//  说明：主程序中的循环语句反复将 0 ~9 的段码送 P0 口，形成数字 0 ~9 的循环显示.
#include <reg51.h>
#define INT8U   unsigned char
#define INT16U   unsigned int
//0 ~9 的共阴数码管段码表
code INT8U SEG_CODE[ ] = {0x3F,0x06,0x5B,0x4F,0x66,0x6D,0x7D,0x07,0x7F,0x6F};
// 延时函数
void delay_ms(INT16U x)
{
  INT8U t; while(x--) for(t = 0; t < 120; t++);
}

// 主程序
void main()
{
   INT8U  i = 0;
   while(1)
         {
         P0 = SEG_CODE[i];
         i =(i+1) % 10;
         delay_ms(200) ;
        }
}
```

(1)程序设计与调试。

仿真电路中共阴极数码管器件的名称为 7SEG - COM - CAT - GREEN，其中 7SEG 表示七段(7 Segments)，COM - CAT 表示共阴(Common-Cathode)，GREEN 表示显示颜色为绿色。如果选择共阳极数码管则为 7SEG - COM - AN - GREEN，其中 COM-AN 表示共阳(Common-Anode)。仿真电路中给出了数码管的外部引脚，共阴数码管的 COM 引脚接 GND，共阳数码管的 COM 引脚接 V_{CC}。

(2)拓展提高。

①仍使用源程序中的共阴段码表,在单只共阳数码管上滚动显示 0～9。

②将段码表改为共阳数码管段码表,改写程序仍实现相同功能。

【实例四】0～99 计数显示器

对按键动作次数进行统计,并将次数通过数码管显示出来,电路原理图如 3.9 所示。计数范围为 0～99,增量为 1,超过计量限制后自动循环显示。

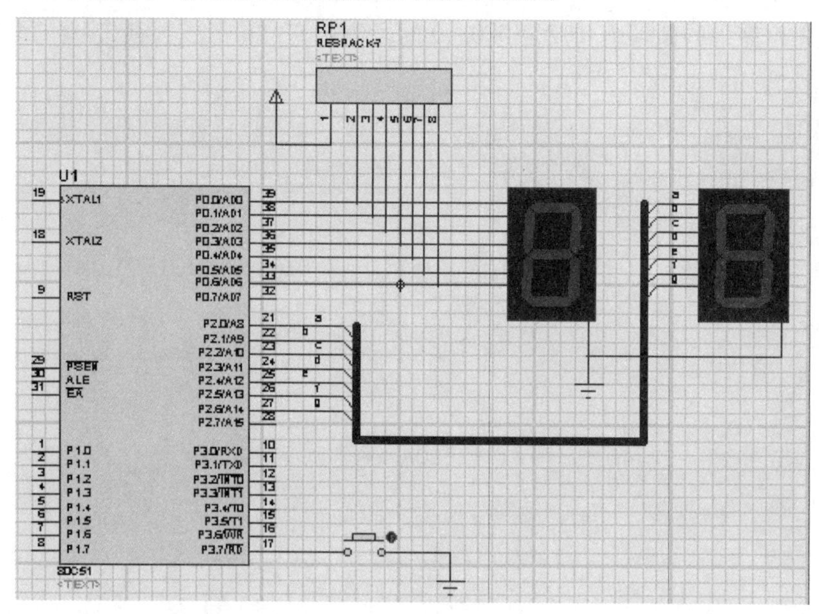

图 3.9　计数显示器电路图

【分析】编程原理分析:

(1)计数统计原理。

循环读取 P3.7 口电平。若输出为 0,计数器变量 count 加 1;若判断计满 100,则 count 清 0。为了避免按键在压下期间连续计数,每次计数处理后都需查询 P3.7 口电平,直到 P3.7 为 1(按键释放)时才能结束此次统计。为防止按键抖动产生的误判,本例中采用了软件去抖措施。

(2)拆字显示原理。

为使 count 的两位数值分别显示在两只数码管上,可将 count 用取模运算(count%10)拆出个位值,整除 10 运算(count/10)拆出十位值,提取字模后分别送相应的显示端口即可。

参考程序如下:

```
#include <reg51.h>
sbit P3_7 = P3^7;
unsigned char code table[ ] = {0x3F,0x06,0x5B,0x4F,0x66,0x6D,0x7D,0x07,0x7F,0x6F};
unsigned char count;
```

```
void delay(unsigned int time )
    {
    unsigned int j =0;
    for( ;time >0;time - - )
     for(j =0;j <125;j + + );
    }
void main( )
    {
    count =0;                    //计数器赋初值
    P0 = table[count/10];        //P0 口显示初值
    P2 = table[count% 10];       //P2 口显示初值
    while(1)
        {
        if(P3_7 = =0)            //软件消抖,检测按键是否按下
        {
          delay(10);
            if(P3_7 = =0)
            {
              count + +;
              if(count = =100)
                count =0;
                P0 = table[count/10];
                P2 = table[count% 10];
                while(P3_7 = =0);     //等待按键松开,防止连续计数
              }
            }
          }
        }
```

【实例五】数码管显示 4 ×4 键盘矩阵按键

当按键较多时会占用更多的控制器端口,为减少对端口的占用,图 3.10 所示电路中使用了 4 ×4 键盘矩阵,大大减少了单片机端口的占用,但识别按键的代码比独立按键的代码要复杂一些。

程序运行过程中按下不同按键时,其键值将显示在数码管上。

程序设计与调试。

图中键盘矩阵行线 R0 ~ R3 连接 P1.4 ~ P1.7,列线 C0 ~ C3 连接 P1.0 ~ P1.3,扫描过程

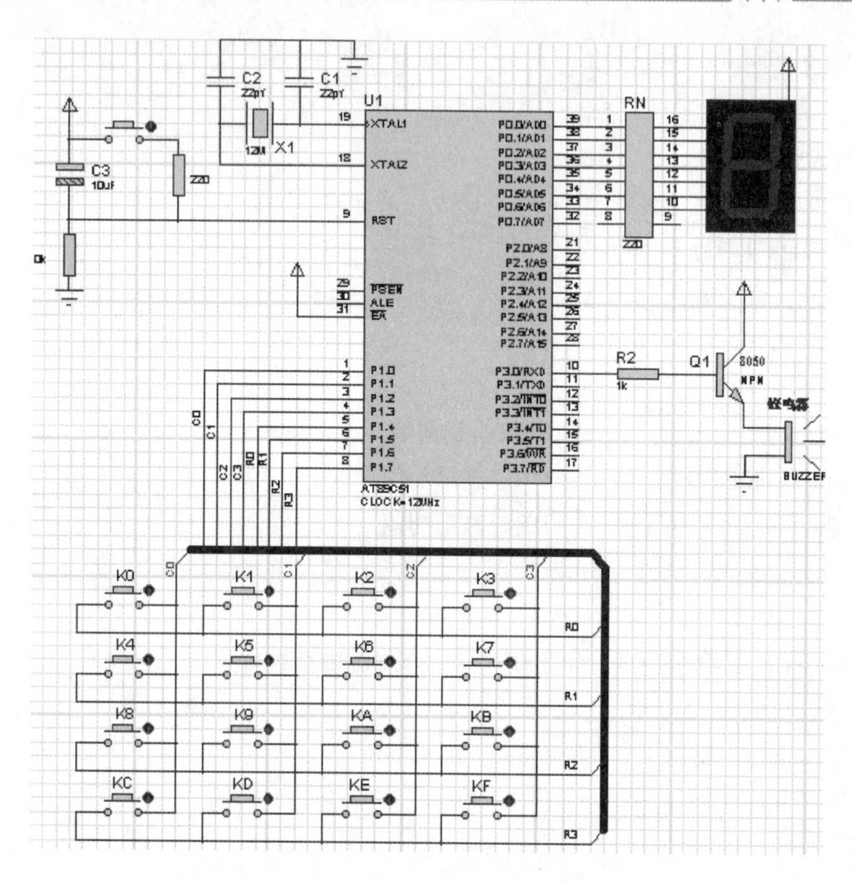

图 3.10　数码管显示 4×4 键盘矩阵按键电路

如下：

程序首先判断是否有键按下。为判断 16 个按键中是否有键按下，程序首先在 4 条行线输出 0000，4 条列线输出 1111，即 P1 端口输出 0x0F。如果有任意键按下，则 4 条列线上的 1111 中必有一位变为 0，P1 端口读取值将由 0x0F，即 00001111 变成 0000XXXX，X 中有 1 个为 0，3 个仍为 1，所有 4 种可能的值为 0x0E，0x0D，0x0B，0x07，由这 4 个不同的值可知按键分别发生的 0～3 列。

得到列号后，再执行相反的操作，在 4 条列线输出 0000，4 条行线输出 1111，即 P1 端口输出 0xF0。如果有任意键按下，则 4 条行线上的 1111 中必有一位变为 0，P1 端口读取值将由 0xF0，即 11110000 变成 XXXX0000，X 中有 1 个为 0，3 个仍为 1，所有 4 种可能的值为 0xE0，0xD0，0xB0，0x70，由这 4 个不同的值可知按键分别发生的 0～3 行。

根据当前按键操作所在的列号及行号就可得到按键值 0～F。

参考源程序如下：

```
// 名称：数码管显示 4×4 键盘矩阵按键序号
// 说明：按下任意一按键时，数码管会显示它在键盘矩阵上的序号 0～F，
// 扫描程序首先判断按键发生在哪一列，然后根据所发生的行附加
// 不同的值，从而得到键盘按键序号。
```

```
#include <reg51.h>
#define INT8U unsigned char
#define INT16U unsigned int
// 0 ~ F 的共阳数码管段码,最后一个是黑屏
const INT8U SEG_CODE[] =
{0xC0,0xF9,0xA4,0xB0,0x99,0x92,0x82,0xF8,0x80,0x90,0x88,0x83,0xC6,0xA1,0x86,
0x8E,0xFF};
sbit BEEP = P3^0;
// 上次按键和当前按键序号,该矩阵中序号范围为 0 - 15,0xFF 表示无按键
INT8U pre_keyNo = 0xFF, keyNo = 0xFF;
// 延时函数
void delay_ms(INT16U x)
{
    INT8U t; while(x--) for(t = 0; t < 120; t++);
}
// 键盘矩阵扫描子程序
void Keys_Scan()
{
//高四位置 0,放入四行,扫描四列
P1 =0x0F;
delay_ms(1);
if (P1 == 0x0F)
    {keyNo = 0xFF; return;}              //无按键时提前返回
// 按键后 00001111 将变成 0000XXXX,X 中 1 个为 0,3 个仍为 1
// 下面判断按键发生在 0 ~ 3 列中的哪一列
switch (P1)
    {
    case 0x0E: keyNo = 0; break;              //按键在第 0 列
    case 0x0D: keyNo = 1; break;              //按键在第 1 列
    case 0x0B: keyNo = 2; break;              //按键在第 2 列
    case 0x07: keyNo = 3; break;              //按键在第 3 列
    default: keyNo =0xFF; return;             //无按键按下,提前返回
    }
// 低四位置 0,放入四列,扫描四行
P1 =0xF0; delay_ms(1);
```

```
// 按键后 11110000 将变成 XXXX0000,X 中 1 个为 0,3 个仍为 1
// 下面判断按键发生在 0 ~3 行中的哪一行
// 对 0 ~3 行分别附加的起始值为 0,4,8,12
switch (P1)
    {
    case 0xE0: keyNo + = 0; break;          //按键在第 0 行
    case 0xD0: keyNo + = 4; break;          //按键在第 1 行
    case 0xB0: keyNo + = 8; break;          //按键在第 2 行
    case 0x70: keyNo + = 12; break;         //按键在第 3 行
    default:keyNo =0XFF;                    //无按键按下,提前返回
    }
  // 蜂鸣器子程序
  void Beep( )
  {
    INT8U i;
    for(i = 0; i < 100; i + + )  { delay_ms(1);BEEP = ~BEEP;}
    BEEP = 1;
  }
  // 主程序
  void main( )
  {
    P0 = 0xFF;
    while(1)
     {
    Keys_Scan( );                           // 扫描键盘获取键值
    // 无按键时延时 10ms,然后继续扫描键
    if  (keyNo = =0XFF)   { delay_ms(10); continue;}
    //显示键值并输出蜂鸣声
    P0 =SEG_CODE[keyNo];Beep( );
    //未释放时等待
    while(Keys_Scan( ),keyNo! = 0XFF);
     }
}
```

习 题

1. C 语言有哪些特点？C 程序的主要结构特点是什么？

2. C51 特有的数据类型有哪些？

3. 在 C51 中，bit 位与 sbit 位有什么区别？

4. C51 支持的存储器类型有哪些？与单片机存储器有何对应关系？

5. C51 有哪几种编译模式？每种编译模式的特点是什么？

6. 用 P0 口接 8 个开关，P1 口接 8 个发光二极管，要求每个开关与一个发光二极管对应，画图并写出发光二极管跟随开关状态变化的程序。

模块四 MCS－51的中断系统

4.1 概 述

4.1.1 中断的概念

1. 什么是中断

计算机在执行程序的过程中，由于CPU之外的某种原因，有必要尽快地中止该程序的执行，转而去执行相应的处理程序，待处理程序结束之后，再返回来继续执行从断点处开始的原程序，这种程序在执行过程中由于外界的原因而被中间打断的情况称之为“中断”。实现这种功能的部件统称为中断系统。中断过程如图4.1所示。

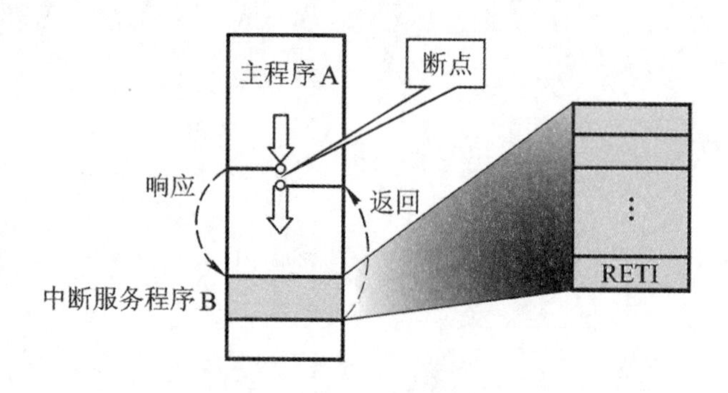

图4.1 中断过程示意图

中断之后，CPU执行的处理程序称为中断服务程序，而把中断之前原来运行的程序称为主程序。主程序被断开的位置（地址）称为断点。能够向CPU发出中断申请的来源称为中断源，它是引起CPU中断的原因。中断源向CPU要求服务的请求称为中断请求，或中断申请。

表面上看，中断处理类似于子程序调用过程，因此又称中断处理程序为中断服务子程序。但程序中断与子程序调用有着很大的区别：子程序调用是在程序中事先安排好的，在程序运行到某一步时通过LCALL或ACALL调用指令来实现；而引起中断的原因是随机发生的，因而转向中断服务程序进行中断处理也是随机的，程序中无调用命令，而是由内、外部设备向CPU发出中断请求，CPU进行响应来实现的。

2. 为什么要引入中断

中断技术在实时控制、分时操作、人机交互、多机系统等方面都得到广泛的应用，大大扩大了计算机的应用范围，提高了计算机的性能。微型机引入中断后有如下优点：

（1）同步工作。有了中断功能后，就可以使 CPU 和外设同步工作。例如 CPU 启动外设工作后，就继续执行主程序，外设把数据准备好后发出中断请求，请求 CPU 中断原来主程序的运行，转去执行输入/输出操作（中断处理），中断程序执行完后，CPU 恢复执行主程序，外设也继续工作，这样就解决了快速的 CPU 与慢速的外设之间的矛盾，CPU 就可指挥多个外设同时工作，大大提高了 CPU 的利用率，也提高了输入/输出速度。

（2）实时处理。在实时控制中，现场采集到的各种数据可在任意时刻发出中断请求，要求 CPU 处理，若中断是开放的，则 CPU 就可马上对这些数据进行处理了。

（3）分时处理。利用中断功能，CPU 可以同时为多个对象服务。只有服务对象向 CPU 发出中断请求，CPU 才转而为之服务，因此大大提高了 CPU 的效率。

（4）故障处理。计算机在运行过程中出现了事先预料不到的情况或故障时（如掉电、存储出错、溢出等），可以利用中断系统自行处理而无须停机。

4.2　MCS－51 的中断系统

实现中断功能的部件统称为中断系统。中断过程的实现是在硬件基础上再配以相应的软件而完成的。MCS－51 的中断系统如图 4.2 所示，主要由 4 个与中断有关的特殊功能寄存器、中断入口、顺序查询逻辑电路等组成。图中特殊功能寄存器 TCON 和 SCON 中的相关位为中断源寄存器，IE 为中断允许寄存器，IP 为中断优先级控制寄存器。该系统有 5 个中断源，具有两个中断优先级，可实现两级中断嵌套。

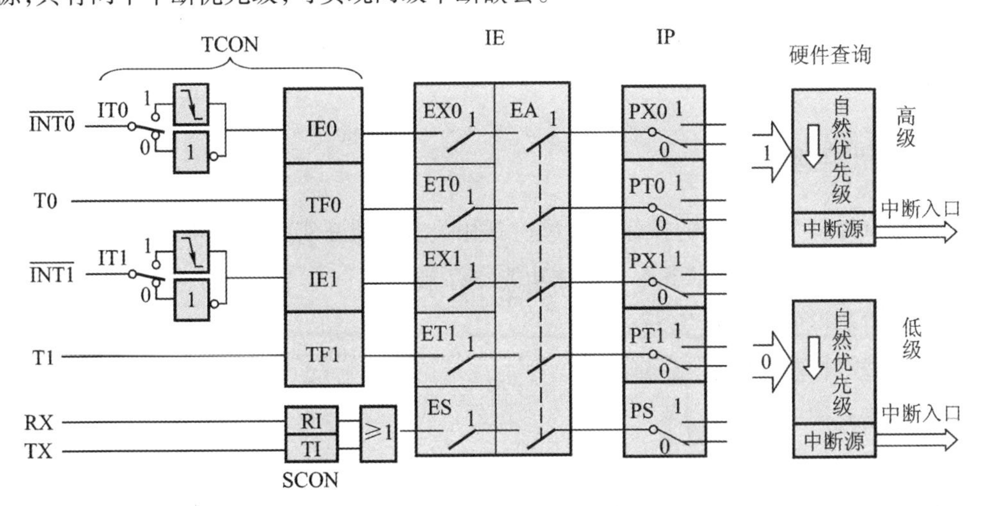

图 4.2　MCS－51 中断系统结构图

4.2.1 中断源

能够向 CPU 发出中断请求的事件即为中断源。

8051 单片机有 5 个中断源,其中两个外部中断源(由$\overline{INT0}$、$\overline{INT1}$输入),两个片内定时/计数器(T0、T1)的溢出中断源 TF0 和 TF1,一个片内串行口发送或接收中断源 TI 或 RI。这些中断请求分别由特殊功能寄存器 TCON 和 SCON 的相应位锁存,现分别说明如下:

1. 外部中断源

外部中断源是由 I/O 设备请求信号或掉电故障等异常事件中断请求信号提供的。

(1) $\overline{INT0}$:外部中断 0 请求,由 P3.2 引脚输入。通过外部中断 0 触发方式控制位 IT0 (TCON.0)来决定中断输入信号是低电平有效还是负跳变有效。一旦输入信号有效,便使 IE0 标志置 1,向 CPU 申请中断。

(2) $\overline{INT1}$:外部中断 1 请求,由 P3.3 引脚输入。通过外部中断 1 触发方式控制位 IT1 (TCON.2)来决定中断输入信号是低电平有效还是负跳变有效。一旦输入信号有效,便使 IE1 标志置 1,向 CPU 申请中断。

2. 内部中断源

内部中断源是由单片机内部定时器溢出和串行口接收或发送数据提出的中断申请。因这类中断请求是在单片机内部发生的,因此无须在芯片上设置中断信号引入端。

(1)TF0:定时器 T0 溢出中断请求。当定时器 T0 产生溢出时,定时器 T0 中断请求标志 TF0 置 1,请求中断处理。

(2)TF1:定时器 T1 溢出中断请求。当定时器 T1 产生溢出时,定时器 T1 中断请求标志 TF1 置 1,请求中断处理。

(3)RI 或 TI:串行口中断请求。当串行口接收或发送完一帧数据时,内部串行口中断请求标志 RI 或 TI 置 1,请求中断处理。

4.2.2 中断控制

用户对单片机中断系统的操作是通过控制相关寄存器来实现的。MCS-51 的中断系统从面向用户的角度来看,有以下 4 个特殊功能寄存器:

(1) 定时器控制寄存器 TCON;

(2) 串行口控制寄存器 SCON;

(3) 中断允许寄存器 IE;

(4) 中断优先级寄存器 IP。

其中 TCON 和 SCON 只有一部分位用于中断控制。通过对以上各特殊功能寄存器的有关位进行置位(置 1)或复位(清 0)等操作,可实现各种中断控制功能。

1. 中断请求标志

(1) 定时/计数器控制寄存器 TCON 中的中断标志位。

TCON 为定时计数器 T0、T1 的控制寄存器，同时也锁存了 T0、T1 的溢出中断源和外部中断请求源等，字节地址为 88H。与中断有关的位如下：

bit	8FH	8EH	8DH	8CH	8BH	8AH	89H	88H	
TCON	TF1		TF0		IE1	IT1	IE0	IT0	(88H)

各控制位的含义如下：

IE0：外部中断 0 标志位，若 IE0＝1，则表示外部中断 0($\overline{\text{INT0}}$)向 CPU 提出了请求中断。

IT0：外部中断 0 触发方式控制位。当 IT0＝0，外部中断 0($\overline{\text{INT0}}$)控制为电平触发方式。在这种方式下，CPU 在每个机器周期的 S5P2 期间采样$\overline{\text{INT0}}$(P3.2)的输入电平，若采到低电平，则认为有中断请求，随即由硬件置 IE0＝1。若采到高电平，则认为无中断请求或中断请求已撤除，随即对 IE0 清 0。在电平触发方式中，CPU 响应中断后不能自动使 IE0 清 0，也不能由软件使 IE0 清 0，故在中断返回前必须清除$\overline{\text{INT0}}$引脚上的低电平，否则会再次响应中断造成出错。

当 IT0＝1，外部中断 0($\overline{\text{INT0}}$)控制为边沿触发方式，CPU 在每个机器周期的 S5P2 期间采样$\overline{\text{INT0}}$的输入电平，相继两次采样，若一个周期采样为高电平，接着的下一个周期采样为低电平，则由硬件置 IE0＝1，表示外部中断 0($\overline{\text{INT0}}$)正在向 CPU 请求中断，直到该中断被 CPU 响应时，IE0 由硬件自动清 0，在边沿触发方式中，为了保证 CPU 在两个机器周期内检测到先高后低的负跳变，输入高低电平的持续时间起码要保持 1 个机器周期。

触发方式的比较：

电平触发方式时，外部中断源的有效低电平必须保持到请求获得响应时为止，不然就会漏掉；在中断服务结束之前，中断源的有效低电平必须撤除，否则中断返回之后将再次产生中断。该方式适合于外部中断输入为低电平，且在中断服务程序中能清除外部中断请求源的情况。

边沿触发方式时，在相继两次采样中，先采样到外部中断输入为高电平，下一个周期采样到为低电平，则在 IE0 或 IE1 中锁存一个逻辑 1。若 CPU 暂时不能响应此中断请求，中断申请标志也不会丢失，直到 CPU 响应此中断时才清 0。边沿触发方式适合于以负脉冲形式输出的外部中断请求。

IE1：外部中断 1 标志位，功能与 IE0 类似。

IT1：外部中断 1 触发方式控制位，功能与 IT0 类似。

TF0：定时/计数器 T0 溢出中断标志，在启动定时/计数器后，T0 从初值开始加 1 计数，当计满溢出时，由硬件置 TF0＝1，向 CPU 请求中断，CPU 响应 TF0 中断后，由硬件对 TF0 清

0,TF0 也可由软件(指令)清 0。

TF1:T1 溢出中断标志,功能与 TF0 类似。

当 MCS－51 系统复位后,TCON 各位均清 0。

(2) 串行口控制寄存器 SCON 中的中断标志位。

SCON 为串行口控制寄存器,字节地址为 98H,SCON 的低 2 位 TI 和 RI 锁存串行口的接收中断和发送中断标志。

其格式如下:

bit							99H	98H	
SCON							TI	RI	(98H)

TI:串行口发送中断标志。CPU 将 8 位数据写入发送缓冲器 SBUF 时,就启动发送,每发送完一帧串行数据后,由硬件置 TI＝1,向 CPU 提出中断请求,CPU 响应中断时,不会对 TI 清 0,必须由软件(指令)清 0。

RI:串行口接收中断标志。若串行口接收器允许接收,每接收完一帧串行,硬件置 RI＝1。RI＝1 表示串行口接收器正在向 CPU 请求中断。同样 CPU 响应中断时不会对 RI 清 0,必须由软件(指令)清 0。

2. 中断允许控制

中断源中断请求的开放与禁止是由中断允许寄存器 IE 中的相应位进行控制的,IE 的字节地址为 A8H。其格式如下:

bit	AFH			ACH	ABH	AAH	A9H	A8H	
IE	EA			ES	ET1	EX1	ET0	EX0	(A8H)

EA:CPU 的中断开放标志。EA＝1,CPU 开放中断;EA＝0,CPU 禁止(屏蔽)所有的中断请求。

ES:串行口的中断允许位。ES＝1,允许串行口中断;ES＝0,禁止串行口中断。

ET1:定时/计数器 T1 的溢出中断允许位。ET1＝1,允许 T1 中断;ET1＝0,禁止 T1 中断。

EX1:外部中断 1($\overline{\text{INT1}}$)的中断允许位。EX1＝1,允许外部中断 1 中断;EX1＝0,禁止外部中断 1 中断。

ET0:定时/计数器 T0 的溢出中断允许位。ET0＝1,允许 T0 中断;ET0＝0,禁止 T0 中断。

EX0:外部中断 0($\overline{\text{INT0}}$)的中断允许位。EX0＝1,允许外部中断 0 中断;EX0＝0,禁止外部中断 0 中断。

MCS－51 单片机系统复位后,IE 中各位均被清 0,即禁止所有中断。

3. 中断优先级控制

MCS－51单片机有两个中断优先级,对于每一个中断源的中断请求可编程为高优先级中断或低优先级中断,可实现二级中断嵌套。一个正在执行的低优先级中断能被高优先级中断请求所中断,但不能被另一个同优先级的中断请求所中断,一直执行到结束,遇到中断返回指令RETI后返回主程序后再执行一条指令才能响应新的中断请求。

MCS－51单片机内有一个优先级寄存器IP,字节地址为B8H,用指令改变其内容,就可对各中断源的中断优先级别进行设置。其格式如下:

bit				BCH	BBH	BAH	B9H	B8H	
IP				PS	PT1	PX1	PT0	PX0	(B8H)

PS:串行口中断优先级控制位。PS＝1,串行口中断设置为高优先级中断;PS＝0,设置为低优先级中断。

PT1:T1中断优先级控制位。PT1＝1,定时/计数器T1设置为高优先级中断;PT1＝0,设置为低优先级中断。

PX1:外部中断1中断优先级控制位。PX1＝1,外部中断1设置为高优先级中断;PX1＝0,设置为低优先级中断。

PT0:T0中断优先级控制位。PT0＝1,定时/计数器T0设置为高优先级中断;PT0＝0,设置为低优先级中断。

PX0:外部中断0中断优先级控制位。PX0＝1,外部中断0设置为高优先级中断;PX0＝0,设置为低优先级中断。

MCS－51单片机系统复位后,IP各位均为0,各中断源均设定为低优先级中断。

MCS－51单片机的中断系统有两个不可寻址的“优先级有效”触发器。其中一个指示某高优先级的中断正在执行,所有后来的中断请求都被阻止。另一个触发器指示某低优先级的中断正在执行,所有的同级中断请求都被阻止,但不阻止高优先级的中断请求。

若同时收到几个同一优先级的中断请求时,哪一个先得到服务,取决于中断系统内部的查询顺序。这相当于在每个优先级内,还同时存在另一个辅助优先级结构。MCS－51单片机中各中断源的优先顺序以及对应的入口地址见表4.1。

表4.1 中断优先顺序及对应入口地址表

中断源	同级的中断优先级	入口地址
外部中断0	最高	0003H
T0溢出中断	|	000BH
外部中断1	|	0013H
T1溢出中断	↓	001BH
串行口中断	最低	0023H

4.2.3 中断的响应条件及响应过程

1. 中断响应的条件

一个中断源的中断请求要被响应,必须满足以下必要条件:

(1)总中断允许开关接通,即IE寄存器中的中断总允许位EA=1。

(2)该中断源发出中断请求,即该中断源对应的中断请求标志位为1。

(3)该中断源的中断允许位为1,即该中断被允许。

(4)无同级或更高级中断正在被服务。

中断响应是CPU对中断源提出的中断请求的接收,当CPU查询到有效中断请求时,若满足上述条件,就立刻进行中断响应。

并不是查询到的所有中断请求都能被立刻响应,当遇到下列3种情况之一时,硬件将受阻,CPU不会响应中断:

(1)CPU正在处理同级或更高优先级的中断。

(2)所查询的机器周期不是当前正在执行指令的最后一个机器周期。设定该限制的目的是只有在当前指令执行完毕后,才能进行中断响应,以确保当前指令执行的完整性。

(3)正在执行的指令是RETI或是访问IE或IP的指令。因为按照51单片机中断系统的规定,在执行完这些指令后,需要再执行完一条指令,才能响应新的中断请求。

若由于上述条件的阻碍,中断请求未能得到响应,当条件消失该中断标志不再有效时,那么该中断将不被响应。也就是说,中断标志曾经有效,但未获得响应,查询过程在下一个机器周期重新进行。

2. 中断响应过程

CPU响应中断的过程如下:

(1)根据中断请求源的优先级高低,将对应的优先级状态触发器置1(以阻断后来的同级或低级的中断请求)。

(2)清除内部硬件可清除的中断请求标志位(IE0、IE1、TF0、TF1)。

(3)执行一条长调用指令(LCALL addr16),把程序计数器PC的内容压入堆栈保存,再将被响应的中断服务程序入口地址送入PC。这里的addr16就是程序存储区中相应的中断服务程序入口地址,可结合“2.2.2 MCS-51单片机的程序存储器配置”进行理解。

(4)执行中断服务程序。

中断响应过程的前3步是由中断系统内部自动完成的,而中断服务程序则要由用户编写完成。编写中断服务程序时应注意以下两点:

①由于51单片机相邻的两个中断入口间只相隔8字节,一般情况下难以存放一个完整的中断服务程序。因此,通常在中断入口地址处放置一条无条件转移指令,使程序执行转向在其他地址存放的中断服务程序入口。

②硬件长调用指令(LCALL)只是将PC寄存器内的断点地址压入堆栈保护,而对其他寄

存器的内容并不做保护处理。所以，在中断服务程序中，首先要用软件保护现场，在中断服务之后、中断返回前恢复现场，以防止中断返回后丢失源寄存器的内容。

3. 中断响应时间

由中断响应条件可知，CPU 不是在任何情况下都对中断请求立即响应的，而且不同的情况对中断响应的时间也不同。下面以外部中断为例，说明中断响应时间。

外部中断请求信号的电平在每个机器周期的 S5P2 期间，经反相锁存到 IE0 或 IE1 标志位，CPU 在下一个机器周期才会查询到这些值，这时如果满足响应条件，CPU 响应中断时，以两个机器周期的时间由硬件电路完成中断服务程序的调用，以转到相应的中断服务入口。这样，从外部中断请求有效到开始执行中断服务程序的第一条指令，至少需 3 个机器周期。

如果在请求中断时，CPU 正在处理最长指令（如乘、除法指令），则额外等待时间增加 3 个机器周期；若正在执行 RETI 或访问 IE、IP 指令，则额外等待时间又增加 2 个机器周期。

综合估算，若系统中只有一个中断源，则响应时间为 3～8 个机器周期。

4. 中断请求的撤销

某个中断请求被响应后，就存在着一个中断请求的撤销问题。下面按中断请求源的类型分别说明中断请求的撤销。

（1）定时/计数器中断请求的撤销。

定时/计数器中断请求被响应时，硬件会自动把中断请求标志位（TF0 或 TF1）清零，因此定时/计数器中断请求是自动撤销的。

（2）外部中断请求的撤销。

①边沿触发方式外部中断请求的撤销。

边沿触发方式的外部中断请求被响应时，硬件会自动把中断请求标志位（IE0 或 IE1）清零，同时，由于边沿信号随后消失，所以边沿触发方式的外部中断请求也是自动撤销的。

②电平触发方式外部中断请求的撤销。

电平触发方式的外部中断请求被响应时，对于电平方式外部中断请求的撤销，硬件会自动把中断请求标志位（IE0 或 IE1）清零，但中断请求信号的低电平可能继续存在，在以后的机器周期采样时，又会把已清零的 IE0 或 IE1 标志位重新置 1。因此，要彻底解决电平触发方式外部中断请求的撤销，除了标志位清零之外，必要时还需在中断响应后把中断请求信号输入引脚从低电平强制改为高电平，为此需在系统中增加外围电路来实现。

③串行口中断请求的撤销。

串行口中断请求被响应时，串行口中断的标志位 TI 和 RI 不会自动清零，因为在响应串行口的中断请求后，CPU 还需测试这两个中断标志位的状态，以判定是接收操作还是发送操作，然后才能清除。所以，串行口中断请求的撤销只能用软件的方法，在中断服务程序中进行，即用软件在中断服务程序中把串行口中断标志位 TI、RI 清零。

4.3 MCS－51 中断系统的编程

4.3.1 中断服务函数

为直接使用 C51 编写中断服务程序，C51 中定义了中断函数。由于 C51 编译器在编译时对声明为中断服务程序的函数自动添加了响应的现场保护、阻断其他中断、返回时自动恢复现场等处理的程序段，因而在编写中断函数时可不必考虑这些问题，减小了用户编写中断服务程序的繁琐程度。

中断服务函数在模块四已作了简要介绍。定义中断服务函数语法格式如下：

函数类型　函数名（[参数]）interrupt　n　[using n]

```
void 中断服务程序的名称(void)   interrupt  中断号码  using  寄存器组号码
  {
    中断服务子程序的主体
  }
```

对于 C51 而言，其中断号码可以是从 0 到 4 的数字，为了方便起见，在包含文件 reg51.h 中定义了这些常量，如下所示：

```
#define IE0_VECTOR 0/* 0x03 External Interrupt 0 */
#define TF0_VECTOR 1/* 0x0B Timer 0 */
#define IE1_VECTOR 2/* 0x13 External Interrupt 1 */
#define TF1_VECTOR 3/* 0x1B Timer 1 */
#define SIO_VECTOR 4/* 0x23 Serial port */
```

因此用户只要使用以上所定义的常量即可。下面的范例是设置 Timer0 的溢出中断服务程序。其中中断服务程序的名称是用户自行定义，但是最好能用比较有意义的名称。以下是 T0 中断服务函数结构。

```
static void timer0_isr(void) interrupt TF0_VECTOR using 1
{
…
…
}
```

T0 中断函数名也可以简写为 void timer0_isr(void) interrupt 1。对于增强型 51 而言，由于多出了一个定时器 T2，其中断号码是 0 ~ 5 的数字，为了方便起见，在包含文件 reg52.h 中定义了这些常量，其内容为

```
#define IE0_VECTOR 0/* 0x03 External Interrupt 0 */
#define TF0_VECTOR 1/* 0x0B Timer 0 */
```

```
#define IE1_VECTOR 2/ *  0x13 External Interrupt 1  */
#define TF1_VECTOR 3/ *  0x1B Timer 1 */
#define SIO_VECTOR 4/ *  0x23 Serial port  */
#define TF@ _VECTOR 5/ *  0x2B Timer 2 */
#define EX2_VECTOR 5 / *0x2B External Interrupt 2 */
```

中断函数只能用 void 说明，表示没有返回值，同时也没有形式参数，即不能传递参数。格式中的 interrupt 和 using 都是 C51 的关键字，interrupt 表示此函数是一个中断函数，整数 n 是与中断源对应的中断号，对于 51 单片机，$n=0\sim4$，分别对应外中断 0、定时器 0 中断、外中断 1、定时器 1 中断和串行口中断。

4.3.2　中断系统 C51 编程举例

1. 利用中断模拟开关灯

下面利用中断来模拟开关灯的功能。如图 4.3 所示，P0.0 口接一个发光二极管，低电平有效，P3.2($\overline{\text{INT0}}$) 口接一个按键开关，实现按下开关灯亮，再按一下开关灯灭。

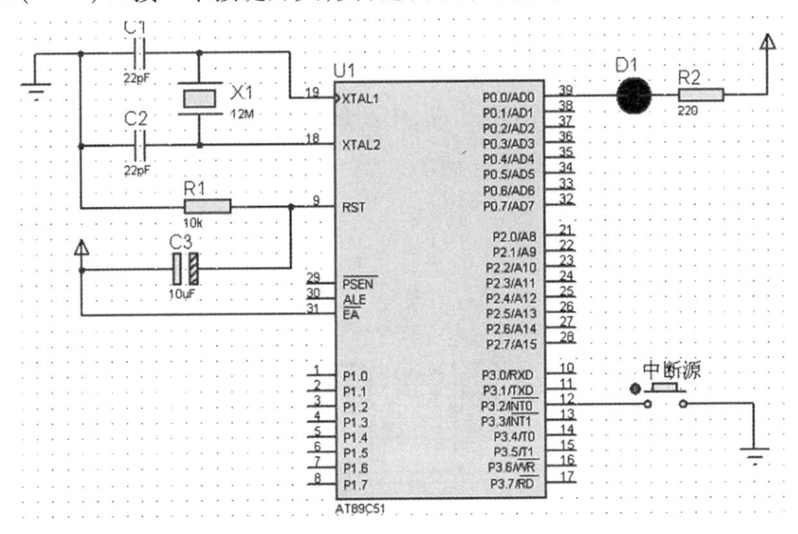

图 4.3　利用中断模拟开关灯接口电路

```
/ *  名称:外部 INT0 中断控制 LED
    说明:每次按键都会出发 INT0 中断,中断发生时将 LED 状态取反,产生 LED 状态由按
键控制的效果
 */
#include < reg51. h >
#define uchar unsigned char
#define uint unsigned int
sbit LED = P0^0;
```

```
//主程序
void main( )
{
LED =1;
EA =1;
EX0 =1;
IT0 =1;
while(1);
}
//INT0 中断函数
void EX_INT0( ) interrupt 0
{
LED = ~LED;  // 控制 LED 亮灭
}
```

2. INT0 中断计数器

```
/* 名称:INT0 中断计数
   说明:每次按下计数键时触发 INT0 中断,中断程序累加计数,计数值显示在 3 只数码管上,按下清零键时数码管清零。如图 4.4 所示。
*/
```

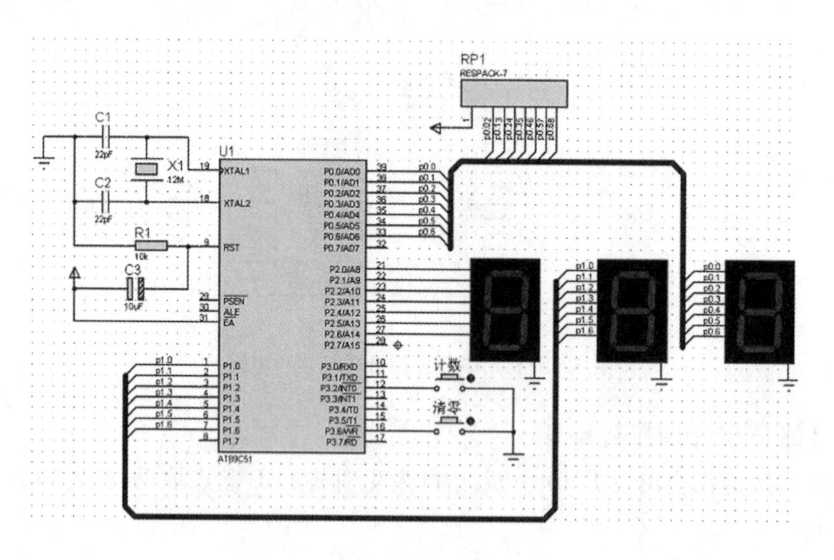

图 4.4 INT0 中断计数器电路图

参考程序如下:

```
#include <reg51.h>
#define uchar unsigned char
#define uint unsigned int
```

```
// 0～9 的段码
uchar code DSY_CODE[ ] = {0x3f,0x06,0x5b,0x4f,0x66,0x6d,0x7d,0x07,0x7f,0x6f,0x00};
//计数值分解后各个待显示的数位
uchar DSY_Buffer[ ] = {0,0,0};
uchar Count =0;
sbit Clear_Key = P3^6;
//数码管上显示计数值
void Show_Count_ON_DSY( )
{
DSY_Buffer[2] =Count/100;            // 获取 3 个数
DSY_Buffer[1] =Count%100/10;
DSY_Buffer[0] =Count%10;
if( DSY_Buffer[2] = =0)              // 高位为 0 时不显示
{
DSY_Buffer[2] =0x0a;
if( DSY_Buffer[1] = =0)              // 高位为 0 ,若第二位为 0 同样不显示
   DSY_Buffer[1] =0x0a;
  }
  P0 = DSY_CODE[ DSY_Buffer[0] ];
  P1 = DSY_CODE[ DSY_Buffer[1] ];
  P2 = DSY_CODE[ DSY_Buffer[2] ];
}
//主程序
void main( )
 {
  P0 =0x00;
  P1 =0x00;
  P2 =0x00;
  IE =0x81;                          // 允许 INT0 中断
  IT0 =1;                            // 下降沿触发
  while(1)
   {
   if( Clear_Key = =0) Count =0;     // 清 0
   Show_Count_ON_DSY( );
   }
```

```
}
// INT0 中断函数
 void EX_INT0( ) interrupt 0
 {
 Count + + ;   // 计数值递增
}
```

任务四　8 位竞赛抢答器设计

一、任务要求

设计一个以 AT89C51 单片机为核心的 8 位竞赛抢答器，基本功能如下：

(1)抢答器可供 8 名选手使用，编号为 01 ~ 08，各用一个按钮，分别为 S0 ~ S7。

(2)设置一个系统清除和抢答控制开关，由主持人进行系统的清零和抢答开始的控制。

(3)抢答器具有数据锁存功能、显示功能及声音提示功能。抢答开始后，如有选手按下抢答按钮，编号立即锁存，并将选手编号显示在 LED 数码管上，同时伴随声音提示；同时封锁输入电路，禁止其他选手抢答，最先抢答选手的编号一直保持到主持人将系统清零。

(4)抢答器具有定时抢答功能，且抢答定时可由主持人进行设定。当主持人启动"开始"键后，定时器进行减计时，同时伴随声音提示。参赛选手在设定时间内进行抢答，如抢答有效，定时器停止工作，显示器上显示选手编号和抢答剩余时间。若定时时间已到，无人抢答，则本次抢答无效，系统报警并禁止抢答，定时显示器上显示 00。

二、系统设计

1. 系统硬件电路设计

8 位竞赛抢答器硬件电路如图 4.5 所示。

(1)8 位抢答按键输入。

8 位抢答按键为独立式按键，采用中断扫描方式，S0 ~ S7 接在 AT89C51 单片机的 P1 口，同时经过 74HC30 和 74HC04 接在 AT89C51 的 P3.3 口。

(2)清除和抢答控制开关。

清除和抢答控制开关接在 AT89C51 单片机的 P3.0 口。

(3)定时器设定按键开关。

定时器设定按键开关由 3 个按键组成，其中设置键接在 AT89C51 的 P3.2 口(外部中断 $\overline{\text{INT0}}$)，采用中断扫描方式，并设置为高优先级，可以中断嵌套。第一次按下时设定时间，再次按下时确认设定的时间。加 1 和减 1 键分别接在 AT89C51 的 P3.4 口和 P3.5 口，采用查询方式扫描，用来控制定时器时间的加减。

(4)4 位 7 段数码管显示电路。

4 位 7 段数码管采用动态显示，其字形码由 P0 口输出，位选码由 P2 口的低 4 位输出，采

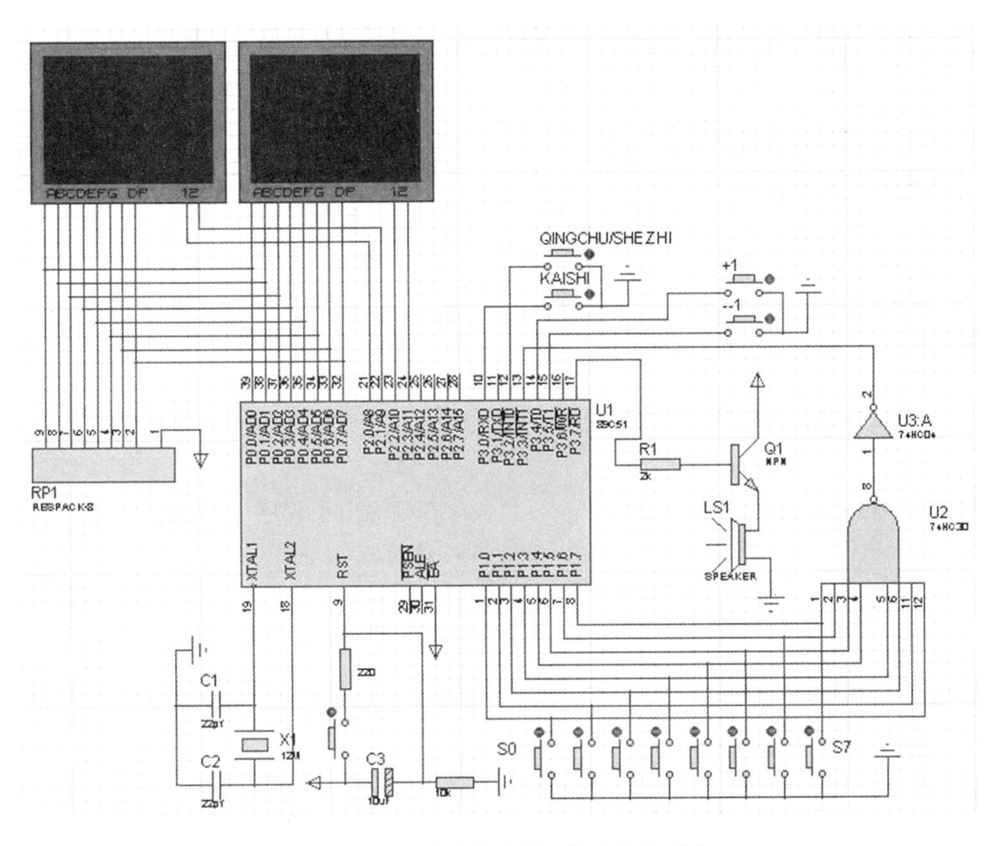

图 4.5　8 位竞赛抢答器硬件电路原理图

用共阴极数码管。

(5)音频电路。

音频电路由 P3.7 口控制一个 NPN 三极管来驱动一个小喇叭。在实际电路中可串联一个电容以滤除声音信号的直流分量,避免小喇叭烧毁。

2. 系统程序设计

8 位竞赛抢答器的程序主要由主程序、延时子程序、声音输出子程序、显示字程序、定时/计数器 T0 中断子程序、外部中断$\overline{INT0}$和$\overline{INT1}$中断子程序组成。

参考程序如下:

```
#include <reg51.h>
sbit P3_7 = P3^7;
sbit P3_0 = P3^0;
sbit P3_4 = P3^4;
sbit P3_5 = P3^5;
sbit P3_2 = P3^2;
unsigned char code segdata[ ] = {0x3f,0x06,0x5b,0x4f,0x66,0x6d,
0x7d,0x07,0x7f,0x6f,0x00};                //共阴极数码管字形码
```

```
unsigned char dispbitcode[ ] = {0xfe,0xfd,0xfb,0xf7};      //位选码
unsigned char key;
unsigned char sec,scon,sectemp;
unsigned char flag;
delay( )                                            //延时子程序
{
  unsigned int j,k;
  for(j =0;j <2;j + + )
     for(k =0;k <100;k + + );
}
void speaker(void)                                  //音频输出子程序
{
  unsigned char i,j;
  unsigned char n;
  for(i =0;i <30;i + + )
  for(j =0;j <10;j + + )
     {
  for(n =0;n <80;n + + );
       P3_7 = ~P3_7;
     }
  for(i =0;i <25;i + + )
  for(j =0;j <10;j + + )
     {
       for(n =0;n <100;n + + );
       P3_7 = ~P3_7;
     }
}
void disp(void)                                     //显示子程序
{
  P2 = dispbitcode[0];                              //位选信号
  P0 = segdata[sec/10];                             //显示时间十位
  delay( );
  P2 = dispbitcode[1];
  P0 = segdata[sec%10];                             //显示时间个位
  delay( );
```

```
    P2 = dispbitcode[2];
    P0 = segdata[key/10];                    //显示抢答选手编号十位
    delay();
    P2 = dispbitcode[3];
    P0 = segdata[key%10];                    //显示抢答选手编号个位
    delay();
}
main()                                       //主程序
{
    unsigned int i;
    key = 0;                                 //初始化
    sec = 30;
    sectemp = sec;
    flag = 1;
    TMOD = 0x01;
    ET0 = 1;
    EX0 = 1;
    EA = 1;
    PX0 = 1;
    while(1)
    {
      disp();
      if(P3_0 = = 0)                         //判断抢答开始键是否按下
        {
          for(i = 0;i < 200;i + +);
          if(P3_0 = = 0)
            {
             TH0 = 0x3C;                     //初始化
             TL0 = 0xb0;
             scon = 0;
             sec = sectemp;
             TR0 = 1;
             EX1 = 1;
             key = 0;
             speaker();                      //调用音频输出子程序
```

```
            while(P3_0 = =0);                   //等待按键释放
            }
        }
    }
}
void t0(void)   interrupt 1                     //T0 的中断子程序
{
    TH0 =0x3C;
    TL0 =0xb0;
    scon + +;
    if(scon =20)
        {
        scon =0;
        sec - -;
        if(sec = =0)
            {
            speaker();
            TR0 =0;                             //关定时器 T0
            EX1 =0;                             //关外部中断INT1
            }
        }
}
void int0(void)   interrupt 0                   //外部中断INT0中断子程序
{
    unsigned int i;
    EX0 =0;                                     //关外部中断INT0
while(P3_2 = =0);                               //等待按键按下
    while(flag)
        {
        disp();
        if(P3_4 = =0)
            {
            for(i =0;i <200;i + +);
            if(P3_4 = =0)
```

```
            {
            sec++;
            if(sec==100)
                sec=0;
              while(P3_4==0);
            }
          }
      if(P3_5==0)
        {
          for(i=0;i<200;i++);
           if(P3_5==0)
            {
            sec--;
            if(sec==0)
                sec=99;
              while(P3_5==0);
            }
          }
      if(P3_2==0)
        {
          for(i=0;i<200;i++);
           if(P3_2==0)
            {
            flag=0;
            while(P3_2==0);
            }
          }
}
  flag=1;
  sectemp=sec;
  EX0=1;                                  //开外部中断INT0
}
void int1(void)  interrupt 2              //外部中断INT1中断子程序
{
  unsigned char temp;
```

```
    temp = P1;
    switch(temp)                              //判断键值并关外部中断INT1和定时器T0
    {
      case  0xfe:key = 1;  EX1 = 0;TR0 = 0;break;
      case  0xfd:key = 2;  EX1 = 0;TR0 = 0;break;
      case  0xfb:key = 3;  EX1 = 0;TR0 = 0;break;
      case  0xf7:key = 4;  EX1 = 0;TR0 = 0;break;
      case  0xef:key = 5;  EX1 = 0;TR0 = 0;break;
      case  0xdf:key = 6;  EX1 = 0;TR0 = 0;break;
      case  0xbf:key = 7;  EX1 = 0;TR0 = 0;break;
      case  0x7f:key = 8;  EX1 = 0;TR0 = 0;break;
    }
    speaker();
}
```

习 题

一、选择题

1. MCS－51 单片机中断源和可设置的中断优先等级分别为(　　)。

A. 中断源为 2 个，中断优先等级为 2 个　　B. 中断源为 5 个，中断优先等级为 2 个

C. 中断源为 4 个，中断优先等级为 1 个　　D. 中断源为 3 个，中断优先等级为 1 个

2. T1 中断源的中断矢量地址是(　　)。

A. 0003H　　B. 000BH　　C. 0013H　　D. 001BH

3. IE0 是(　　)的中断标志。

A. T0　　B. T1　　C. $\overline{INT0}$　　D. $\overline{INT1}$

二、简答题

1. 8051 单片机提供了几个中断源？有几级中断优先级别？各中断标志是如何产生的？又如何清除这些中断标志？各中断源所对应的中断矢量地址是多少？

2. 外部中断有几种触发方式？如何选择？在何种触发方式下，需要在外部设置中断请求触发器？为什么？

3. 设 fosc＝12 MHz，利用定时器 T0(工作在方式 2)在 P1.1 引脚上获取输出周期为 0.4 ms的方波信号，定时器溢出时采用中断方式处理，请编写 T0 的初始化程序及终端服务程序。

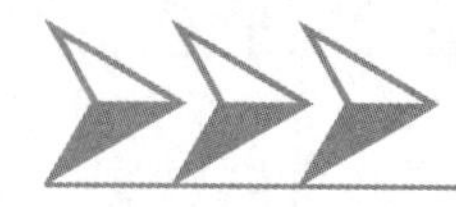

模块五 单片机的定时/计数器应用

在单片机应用系统中,经常会有定时控制的需求,如定时扫描、定时检测及对外部事件进行计数等。51 单片机中的定时/计数器的作用就是产生各种时间间隔、记录外部事件的数量等,是单片机应用系统中最常用、最基本的部件之一。

单片机内部的定时/计数器具有以下特点:

(1)定时/计数器有两种工作模式:定时模式和计数模式。

(2)定时/计数器的定时时长和计数数值可以通过编程进行改变。

(3)在到达设定的定时或计数值时发出中断请求,以便实现控制。

MCS-51 单片机内部集成了两个可编程的 16 位定时/计数器 T0 和 T1。它们均可作为定时器或计数器使用。

5.1 51 单片机定时/计数器的结构及工作原理

5.1.1 定时/计数器的结构

MCS-51 单片机定时/计数器的内部结构如图 5.1 所示。51 单片机的定时/计数器由定时/计数器 T0 和 T1、定时/计数器方式寄存器 TMOD、定时/计数器控制寄存器 TCON 组成。

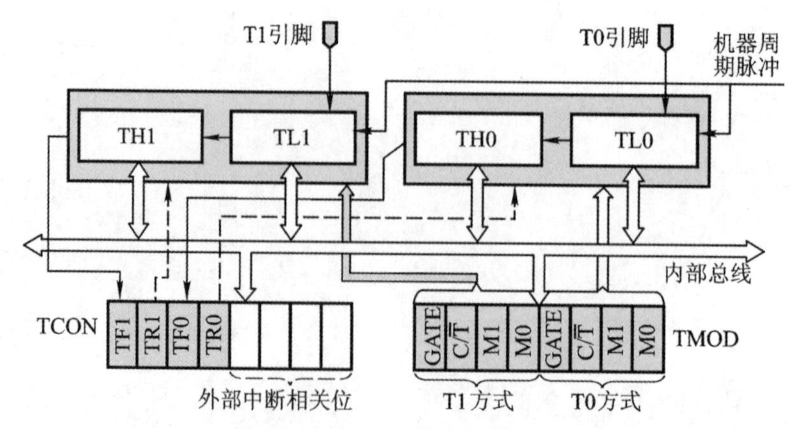

图 5.1 定时/计数器的内部结构

定时/计数器T0和T1的核心是16位的加1计数器。定时/计数器在数字系统中主要是对脉冲的个数进行计数,以实现测量、计数和控制的功能。

51单片机中有两个16位加1计数器,所谓加1计数就是每来一个脉冲,计数值加1;所谓16位,是指最大能记录脉冲的个数可以用16位二进制表示,即$2^{16}=65536$个。T0使用特殊功能寄存器TH0(高8位)、TL0(低8位)存放记录脉冲的个数;T1使用特殊功能寄存器TH1(高8位)、TL1(低8位)存放记录脉冲的个数。

TMOD是定时/计数器的工作方式寄存器,由它设置定时/计数器的工作方式和模式。TCON是定时/计数器控制寄存器,由它控制定时/计数器T0和T1的启动、停止以及设置溢出标志。

5.1.2　定时/计数器的工作原理

定时/计数器T0和T1都具有定时和计数两种工作模式。

当定时/计数器设置为定时模式时,加1计数器对单片机系统时钟信号经12分频后的内部脉冲信号(机器周期)进行计数,每隔一个机器周期加1计数器加1,即通过对机器周期的数量进行计数来实现定时功能。因为时钟频率是确定的,所以可根据对内部脉冲信号的计数值算出定时时长,适当选择定时器的初值可获取不同的定时时长。

当定时/计数器设置为计数模式时,加1计数器对来自输入引脚T0(P3.4)和T1(P3.5)的外部脉冲计数,每输入一个脉冲,加1计数器加1,直至计满溢出。通过对外部脉冲的下降沿触发次数的计数来实现计数功能。最高检测频率为振荡频率的1/24。计数器对外部输入信号的占空比没有特殊限制,但必须保证输入信号的高电平与低电平的持续时间在一个机器周期以上。

定时/计数器T0和T1无论是工作于定时模式还是计数模式,实质上都是对脉冲信号进行计数,只不过计数信号的来源不同而已。加1计数器的起始计数是从初值开始。单片机复位时计数器初值为0,初值可以通过程序进行设定,通过设置不同的计数初值来实现不同的计数值或定时时长。

设置初值的计算公式:计数初值=溢出值-计数值。

5.2　定时/计数器的控制

在启动定时/计数器工作之前,CPU必须将一些命令(称为控制字)写入定时/计数器中,这个过程称为定时/计数器的初始化。定时/计数器的初始化是通过定时/计数器工作方式寄存器TMOD和定时/计数器控制寄存器TCON来完成的。

5.2.1　定时/计数器工作方式寄存器TMOD

定时/计数器工作方式寄存器TMOD用于工作模式的选择和工作方式的设置,字节地址为 89H，系统复位后 TMOD 的所有位清 0。TMOD 不能进行位寻址，只能用字节指令进行赋值。其各位的定义如下：

	D_7	D_6	D_5	D_4	D_3	D_2	D_1	D_0	
TMOD	GATE	$C/\overline{T}$	M1	M0	GATE	$C/\overline{T}$	M1	M0	(89H)
	←—— 定时器 T1 方式字段—				←——定时器 T0 方式字段——				

其中，高 4 位控制定时器 T1，低 4 位控制定时器 T0。各位的含义如下：

(1) M1、M0：工作方式选择位，可构成以下 4 种工作方式：

M1　M0	工作方式	说　明
0　0	0	13 位计数器
0　1	1	16 位计数器
1　0	2	可再装入 8 位计数器
1　1	3	T0：分成二个 8 位计数器　　T1：停止计数

(2) $C/\overline{T}$：计数/定时器模式选择位。

$C/\overline{T}=0$，设置为定时器模式。

$C/\overline{T}=1$，设置为计数器模式。

(3) GATE：门控位。

GATE 用于控制定时/计数器的启动是否受外部中断请求信号的影响。

如果 GATE =0，定时/计数器的启动与外部引脚 $\overline{INT0}$、$\overline{INT1}$ 无关，只要用软件（指令）使 TCON 寄存器中 TR0（或 TR1）置 1 就可以启动定时/计数器开始工作。

如果 GATE =1，定时/计数器的启动受外部引脚 $\overline{INT0}$（控制 T0）、$\overline{INT1}$（控制 T1）控制。要用软件使 TCON 寄存器中 TR0（或 TR1）置 1，同时外部引脚 $\overline{INT0}$ 或 $\overline{INT1}$ 也为高电平时，才能启动定时/计数器开始工作。

5.2.2 定时/计数器控制寄存器 TCON

定时/计数器控制寄存器 TCON 用于控制定时/计数器 T0 及 T1 的运行，是一个 8 位的特殊功能寄存器，其字节地址为 88H，可位寻址，其各位的定义如下：

位	D7	D6	D5	D4	D3	D2	D1	D0
TCON	TF1	TR1	TF0	TR0	IE1	IT1	IE0	IT0
位地址	8FH	8EH	8DH	8CH	8BH	8AH	89H	88H

TCON 的低 4 位用于控制外部中断，在 5.2.1 中已做过介绍，这里只介绍高 4 位，各位含

义如下：

TF0、TF1——分别为定时器 T0、T1 的计数溢出中断请求标志位。

计数器计数溢出(计数值由二进制的 16 个 1 变为 16 个 0)时,该位由硬件置 1。使用查询方式时,此位作为状态位供 CPU 查询,查询后需由软件清 0;使用中断方式时,此位作为中断请求标志位,CPU 响应中断后由硬件自动清 0。

TR0、TR1——分别为定时器 T0、T1 的运行控制位,可由软件置 1 或清 0。

TR0(TR1)=1,启动定时/计数器工作;TR0(TR1)=0,停止定时/计数器工作。

5.3　定时/计数器的工作方式

51 单片机定时/计数器有 4 种工作方式(方式 0、方式 1、方式 2 和方式 3),下面将按由简到难的顺序分别予以介绍。

5.3.1　方式 1

当 M1、M0 被设置为 01 时,定时/计数器工作于方式 1。方式 1 由高 8 位 THx 和 TLx 组成一个 16 位的加 1 计数器,计满值为 2^{16}。T0 和 T1 在方式 0、方式 1 及方式 2 时,除了所使用的寄存器、有关控制位及标志位不同外,其他操作完全相同。因此除了方式 3 以外,均以 T0 为例进行介绍。工作方式 1 的逻辑结构图如图 5.2 所示。

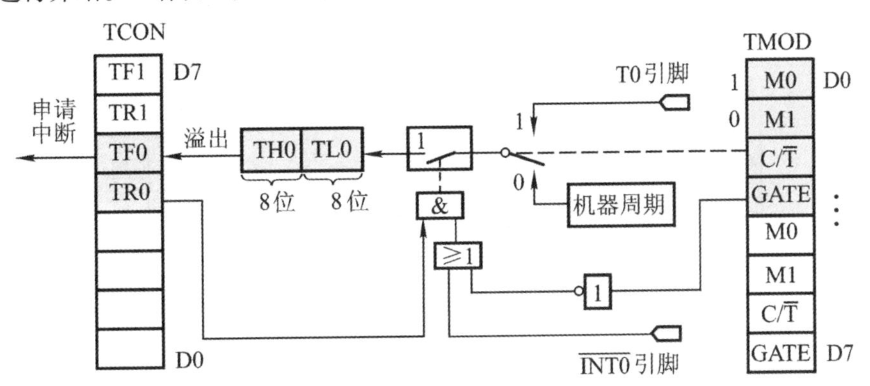

图 5.2　工作方式 1 的逻辑结构

由图 5.2 可以看出,当 $C/\overline{T}=0$ 时,逻辑开关 $C/\overline{T}$ 向下接通,此时以振荡器的 12 分频信号作为 T0 的计数信号,T0 对机器周期加 1 计数,T0 工作于计时方式。若 GATE=0 时,定时器 T0 的启动和停止完全由 TR0 的状态决定,而与 $\overline{INT0}$ 引脚的状态无关。

若计数初值为 a,则定时时间为:

$t=(2^{16}-a)\times 12/f_{osc}$　当时钟频率为 12 MHz,方式 1 的定时范围为 1~65 536 μs。

当 $C/\overline{T}=1$ 时,逻辑开关 $C/\overline{T}$ 向上接通,T1 工作于计数器模式,此时以 T0 端(P3.4 引

脚)的外部脉冲(负跳变)作为 T0 的计数信号。由于检测一个负跳变需要 2 个机器周期,即 24 个振荡周期,因此其最高计数频率为 $f_{osc}/24$。若 GATE = 0,计数器 T0 的启动和停止完全由 TR0 的状态决定,而与 $\overline{\text{INT0}}$引脚状态无关。

计数初值 a 与计数值 N 的关系为:

$N = (2^{16} - a)$　　由此可知,方式 1 的计数范围为 1 ~ 65536。

【例 5.1】单片机的 f_{osc} = 12 MHz,采用 T1 定时方式 1 使 P1.0 引脚上输出周期为 2 ms 的方波,并采用 Proteus 中的虚拟示波器观察输出波形,电路原理图如图 5.3 所示。

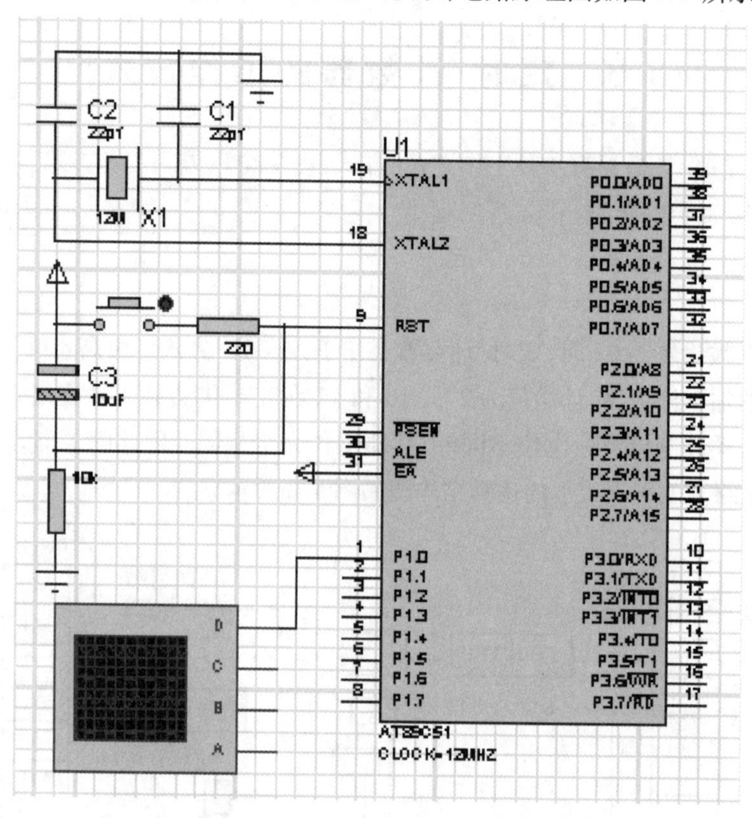

图 5.3　周期 2 ms 的方波输出电路图

解:原理分析:要产生周期为 2 ms 的方波,可以利用定时器在 1 ms 时产生溢出,再通过软件方法使 P1.0 引脚的输出状态取反,不断重复这一过程,即可产生周期为 2ms 的方波。

根据定时方式 1 的定时时间表达式,计数初值 a 为:

$a = 2^{16} - t \times f_{osc}/12 = 2^{16} - 1000 \times 12/12 = 64536 = 0xfc18$

将十六进制的计数初值分解成高 8 位和低 8 位,即可进行 TH1 和 TL1 的初始化。需要注意的是,定时器在每次计数溢出后,TH1 和 TL1 都将变为 0。为了保证下一轮定时的准确性,必须及时重装计数初值。采用中断方式,参考程序如下:

```
#include <reg51.h>
sbit  P_0 = P1^0;
```

```
timer1( ) interrupt 3            // T1 中断函数
  {
  P1_0 = ! P1_0;
  TH1 =0xfc;                     //装载计数初值
  TL1 =0x18;
  }
main( )
  {
  TMOD =0x10;                    // 设置 T1 为定时方式 1
  TH1 =0xfc;                     //装载计数初值
  TL1 =0x18;
  EA =1;                         //开总中断
  ET1 =1;                        //开 T1 中断
  TR1 =1;                        //启动 T1
  while (1);
  }
```

仿真波形如图 5.4 所示。

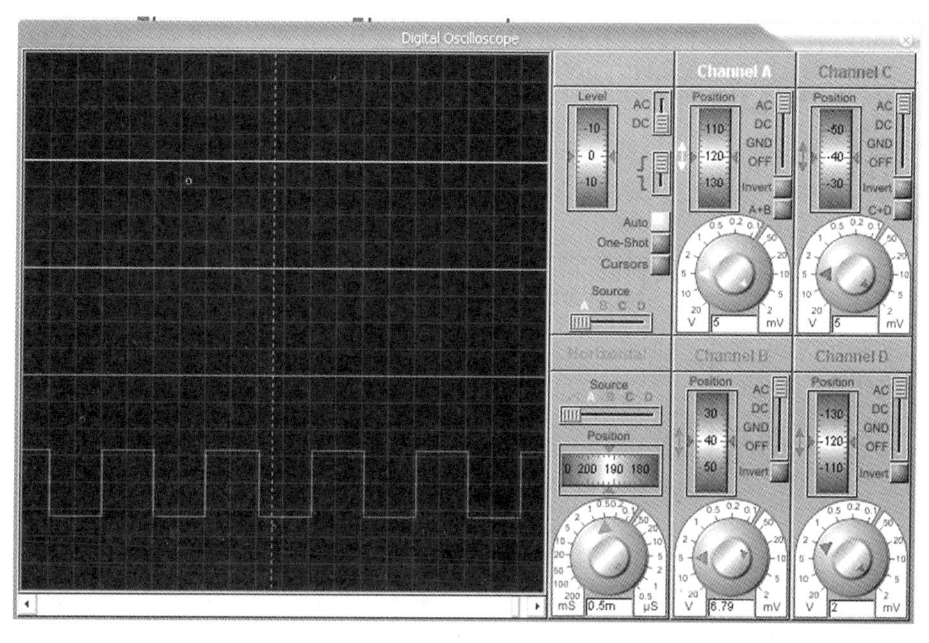

图 5.4 实例 1 仿真波形图

综上所述,单片机定时/计数器的编程步骤如下:

(1)设定 TMOD,即明确定时/计数器的工作状态:是使用 T0,还是 T1? 采用定时器,还是计数器? 具体工作方式是方式 0、方式 1、方式 2,还是方式 3?

(2)计算计数初值,并初始化寄存器 TH0、TL0 或 TH1、TL1。

定时计数初值 $a=2^n-t\times f_{osc}/12$,其中 t 以 μs 为单位,f_{osc} 以 MHz 为单位。

$TH0=(2^n-t\times f_{osc}/12)/256$;

$TL0=(2^n-t\times f_{osc}/12)\%256$;

(3)确定编程方式。若使用中断方式,则需要进行中断初始化和编写中断函数;

```
ETX  =1;                //开定时 x 中断,x =0 或 1
EA  =1;                 //开总中断
…
tx_srv( )   interrupt n {  //n =1 或 3
…
}
```

(4)启动定时器:TR0 =1 或 TR1 =1。

(5)执行一次定时或计数结束后的任务。

(6)为下一次定时/计数做准备(TFx 复位 + 重装载计数初值):若是中断方式,TFx 会自动复位;若是查询方式,需要软件复位 TFx。

5.3.2　方式 0

当 M1M0 被设置为 00 时,定时/计数器工作于方式 0。方式 0 采用 TLx 的低 5 位和 THx 的高 8 位组成一个 13 位的加 1 计数器,计满值为 2^{13}。T0 工作方式 0 的逻辑结构如图 5.5 所示。

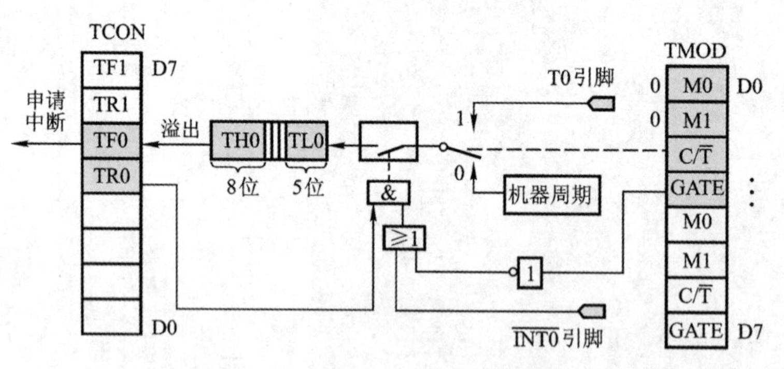

图 5.5　工作方式 0 的逻辑结构

可见,除了计数器的位数不同外,方式 0 与方式 1 的逻辑结构并无差异。方式 0 采用 13 位计数器是为了与早期的 MCS -48 系列单片机兼容。

方式 0 的定时时间 t 和计数初值分别按下式计算

$t=(2^{13}-a)\times 12/f_{osc}$

$a=2^{13}-t\times f_{osc}/12$

方式 0 的计数初值 a 与计数值 N 的关系为:

$N=2^{13}-a$

注意：方式0的TLx中高3位是无效的，可为任意值，计算初值时需特别注意。

【例5.2】设fosc = 12 MHz，计算定时器T0工作于方式0用以产生5 ms定时的计数初值。

解：由方式0的计数初值表达式，可得

$a=2^{13}-5000\times12/12=3192=1100\ 0111\ 1000B$

由于方式0采用13位计数器，需要在上述理论初值的第5位和第6位二进制数之间插入3位二进制，故调整后的计数初值为：

a = 110 0011 0001 1000 = 0x6318

比较方式1和方式0初值的计算可以看出，方式0的初值计算较为麻烦，因此实际应用中常用16位的方式1取代。

5.3.3　方式2

当M1、M0被设置为10时，定时/计数器工作于方式2。方式2采用8位寄存器TLx作为加1计数器，另一个8位寄存器THx用于存放8位初值，因此计满值为2^8。工作方式2的逻辑结构如图5.6所示。

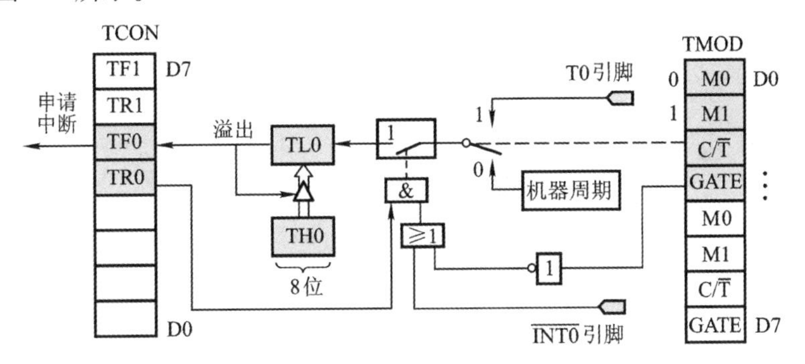

图5.6　工作方式2的逻辑结构

当工作方式0、工作方式1用于重复定时/计数时，则每次计满溢出后计数器变为全0，还得重新装入初值。而工作方式2可在计数器计满溢出时自动装入初值，工作方式2把16位的计数器分成两个8位计数器。TLx作8位计数器用，THx用来保存初值，每当TLx计满溢出时，可自动将THx的初值再装入TLx中，在需要重复定时/计数时，工作方式2非常方便。

若THx中装的计数初值为a，定时方式2的定时时间t和计数初值分别按下式计算：

$t=(2^8-a)\times12/f_{osc}$

$a=2^8-t\times f_{osc}/12$

方式2的计数初值a与计数值N的关系为：

$N=2^8-a$

【例5.3】采用T1定时方式2在P1.0口输出周期为0.5 ms的方波。

解:根据定时/计数器编程的步骤:

(1)设定:TMOD = 0x20

(2)确定计数初值:a = (256 - 250)% 256 = 0x06

(3)若采用中断方式,则程序如下:

```
#include <reg51.h>
sbit  P1_0 = P1^0;
main()
{
  TMOD = 0x02;
  TH0 = 0x06;
  TL0 = 0x06;
  ET0 = 1;
  EA = 1;
  TR0 = 1;
  while(1);
}
void timer1() interrupt 3
{
  P1_0 = ! P1_0;
}
```

可以看出,由于计数初值只在程序初始化时装载过一次,其后都是自动装载的,因而使编程得以简化。

5.3.4 方式 3

当 M1、M0 被设置为 1、1 时,定时/计数器工作于方式 3。工作方式 3 的逻辑结构如图 5.7 所示。

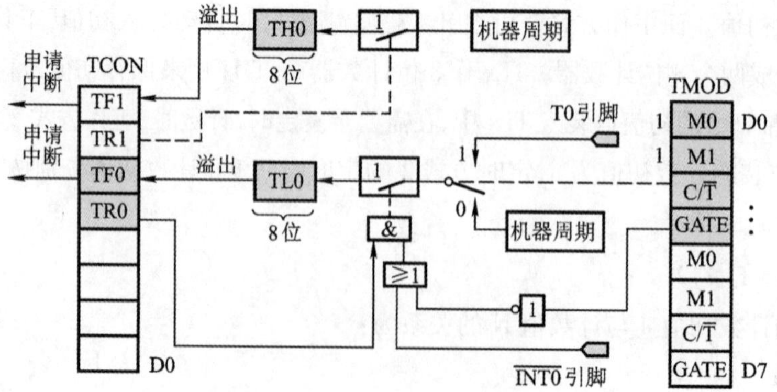

图 5.7 工作方式 3 的逻辑结构

该工作方式只适用于定时/计数器 T0。T0 在工作方式 3 时被拆成两个相互独立的计数器,其中 TL0 使用原 T0 的各控制位、引脚和中断源:$C/\overline{T}$、GATE 、TR0 、$\overline{INT0}$和 TF0。而 TH0 则只能作为定时器使用,但它占用了 T1 的 TR1 和 TF1,即占用了 T1 的中断标志和运行控制位。

一般在系统需增加一个额外的 8 位定时器时,可设置为工作方式 3,此时 T1 虽然仍可定义为工作方式 0、工作方式 1 和工作方式 2,但只能用在不需要中断控制的场合。

5.4　定时/计数器的编程和应用

蜂鸣器是一种一体化结构的电子器件,广泛应用于计算机、打印机、复印机、报警器、电话机等电子产品中做发声器件。

蜂鸣器发声原理是电流通过电磁线圈,使电磁线圈产生磁场来驱动振动膜发声的。单片机 I/O 引脚带负载能力有限,因此需要使用驱动电路。单片机与蜂鸣器接口电路如图 5.8 所示,使用一个 PNP 三极管来驱动蜂鸣器。三极管的基级 B 经过限流电阻后由单片机的 P3.7 引脚控制,当 P3.7 输出高电平时,三极管截止,没有电流流过蜂鸣器;当 P3.7 输出低电平时,三极管导通,有电流流过蜂鸣器。当 P3.7 引脚输出某一频率的方波时,蜂鸣器就会发出声音,如果改变方波的频率,蜂鸣器发出的声调就会有变化,人耳能听到的声音频率范围是 20 ~ 20000 Hz。

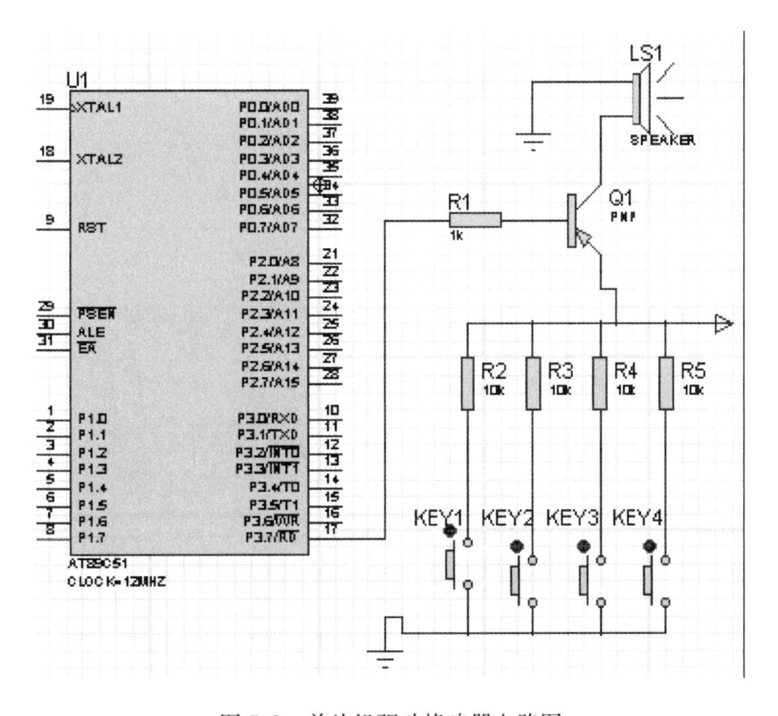

图 5.8　单片机驱动蜂鸣器电路图

(1)“嘀、嘀……”报警声。

在图5.8所示电路中,编写程序,让蜂鸣器发出“嘀、嘀、……”报警声。

分析:“嘀、嘀…”是常见的一种报警声。这种报警声要求嘀0.2 s,然后断0.2 s,如此循环下去。假设嘀声的频率为1 kHz,则报警声时序图如图5.9所示。

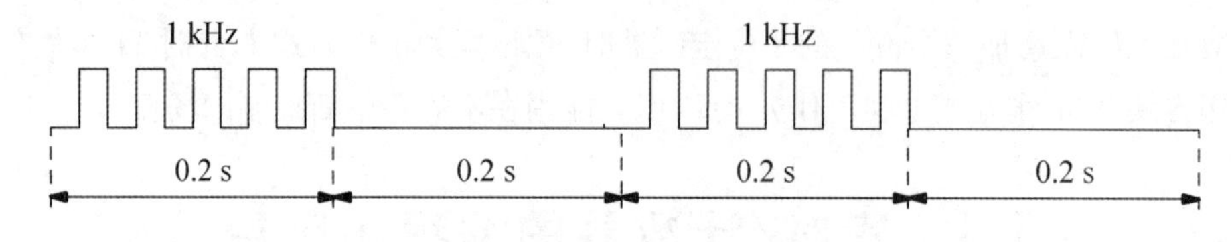

图5.9 “嘀、嘀……”报警声时序图

对于1 kHz的方波信号,周期为1 ms,高电平和低电平各占用0.5 ms,利用定时器T0来完成0.5 ms的定时。上面的信号分成两部分,一部分为1 kHz方波,占用时间为0.2 s;另一部分为低电平,也是占用0.2 s。而0.2 s是0.5 ms的400倍,因此设置计数器count,其记录0.5 ms的个数,当其值达到400时说明0.2 s时间到。同时设置标志flag,每0.2 s标志flag翻转一次,当flag=0时,P3.7引脚输出1 kHz的方波信号;当flag=1时,P3.7引脚输出低电平信号。中断服务程序流程图如图5.10所示。

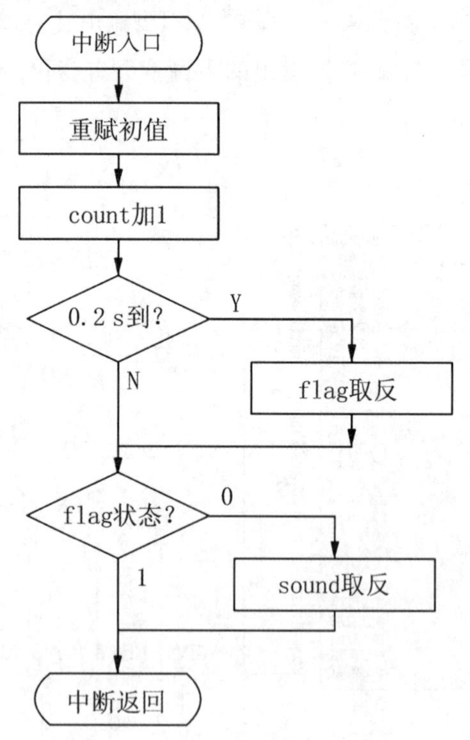

图5.10 中断服务程序流程图

通过以上分析,编写程序如下:

```
#include <reg51.h>
```

```
unsigned int count;
sbit sound = P3^7;
bit flag;
void main(void)
{
  TMOD = 0x01;
  TH0 = (65536 - 500)/256;
  TL0 = (65536 - 500)%256;
  TR0 = 1;
  ET0 = 1;
  EA = 1;
  while(1);
}
void TIMER0(void) interrupt 1
{
  TH0 = (65536 - 500)/256;
  TL0 = (65536 - 500)%256;
  count + +;
  if(count > =400)
  {
      count = 0;
      flag = ~flag;
  }
  if(flag = = 0)
  {
      sound = ~sound;
  }
}
```

任务还可以利用两个定时器完成:使用 T0 定时 500μs 产生 1kHz 的方波;使用 T1 产生 0.2s 定时,每隔 0.2s,将 T0 的运行控制位取反即可。程序如下:

```
#include <reg51.h>
unsigned char count;
sbit sound = P3^7;
bit flag;
void main(void)
```

```
    {
        TMOD =0x11;
        TH0 = (65536 -500)/256;
        TL0 = (65536 -500)%256;
        TH1 = (65536 -50000)/256;
        TL1 = (65536 -50000)%256;
        TR1 =1;
        ET0 =1;
        ET1 =1;
        EA =1;
        while(1);
    }
    void TIMER0(void) interrupt 1
    {
        TH0 = (65536 -500)/256;
        TL0 = (65536 -500)%256;
        sound = ~sound;
    }
    void TIMER1(void) interrupt 3
    {
        TH1 = (65536 -50000)/256;
        TL1 = (65536 -50000)%256;
        count + +;
        if(count > =4)
        {
          count =0;
          TR0 = ~TR0;
        }
}
```

(2)“叮咚”门铃。

电路如图 5.8 所示,每按一次按键 KEY1,蜂鸣器便发出一次“叮咚”声。

分析:“叮”和“咚”的频率分别为 700 Hz 和 500 Hz,对应周期约为 1500 μs 和 2000 μs。可利用定时器 T0 定时 250 μs,700 Hz 的频率要经过 3 次 250 μs 的定时,而 500 Hz 的频率要经过 4 次 250 μs 的定时。“叮”和“咚”声音各占用 0.5 s,可利用变量 count 累计 2000 个 250 μs 后实现 0.5 s 定时。由于每次按键按下后,只发出一次“叮咚”声,所以第一个 0.5 s (flagID =0)发“叮”声;第二个 0.5 s(flagID =1)发“咚”声;以后(flagID =2)停止蜂鸣器发声,此时让定时器停止运行即可。中断服务程序框图如图 5.11 所示。

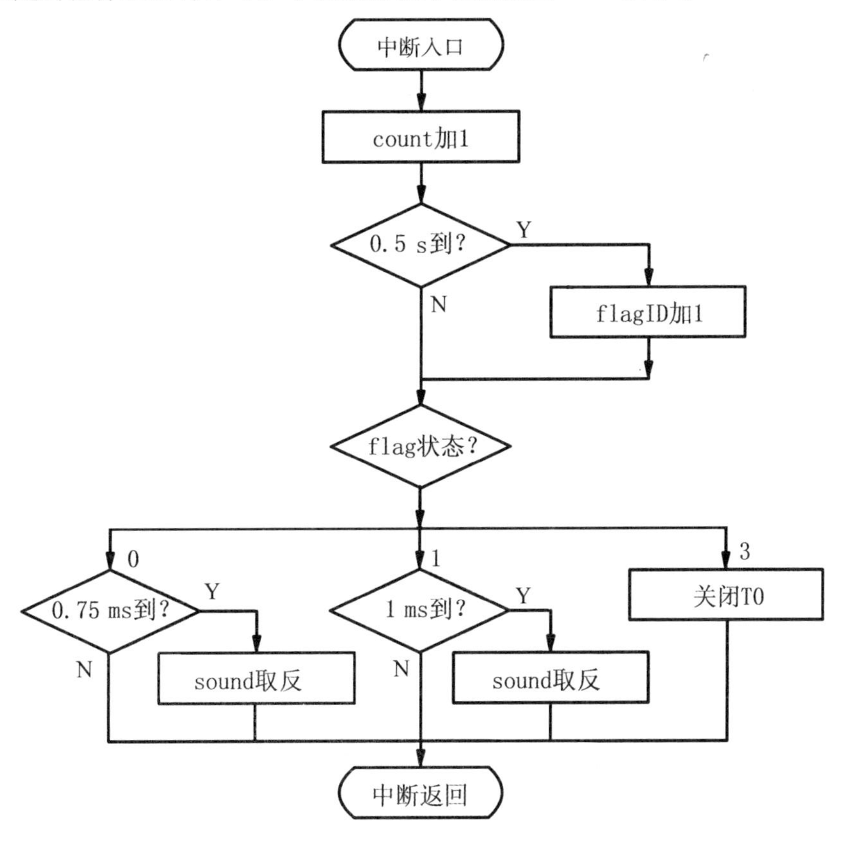

图 5.11　T0 中断服务程序框图

“叮咚”门铃程序如下:

```
#include <reg51.h>
sbit sound = P3^7;
sbit KEY1 = P3^2;
unsigned char count700;
unsigned char count500;
unsigned char flagID;
unsigned int count;
void delay(int t)
{
    int i,j;
    for(i = t;i >0;i - -)
      for(j = 110;j >0;j - -);
}
```

```
void main(void)
{
    TMOD = 0x02;
    TH0 = 0x06;
    TL0 = 0x06;
    ET0 = 1;
    EA = 1;
    while(1)
    {
        if(KEY1 = = 0)
        {
            delay(5);
            if(KEY1 = = 0)
            {
                while(! KEY1); //等待键释放
                count700 = 0;
                count500 = 0;
                count = 0;
                flagID = 0;
                TR0 = 1;
            }
        }
    }
}
void TIMER0(void) interrupt 1
{
    count + +;
    if(count > = 2000)
      {count = 0;flagID + +;}
    switch(flagID)
    {
      case 0: if(count700 + + > = 3)
                    {count700 = 0;sound = ~sound;}
                break;
      case 1: if(count500 + + > = 4)
```

```
            {count500 = 0;sound = ~sound;}
          break;
    default: TR0 = 0;
    }
}
```

任务五　智能交通灯设计

Proteus 内置了交通指示灯组件，图 5.12 用定时器控制交通指示灯按一定时间间隔切换显示。为了能够快速观察到切换显示的效果，源程序中缩短了切换时间间隔。

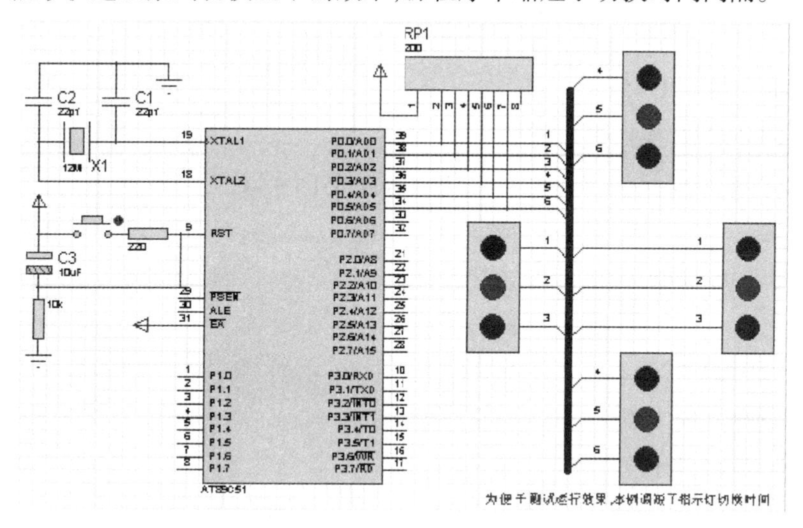

图 5.12　用定时器控制交通灯电路

本实例中交通指示灯所有切换过程由定时器中断函数控制，因为指示灯切换有 4 种不同类型操作，程序中引入变量 Operation_Type 表示当前操作类型，取值 1 ~ 4 对应的操作如下：

①东西向绿灯与南北向红灯亮 5s；

②东西向绿灯灭，黄灯闪烁 5 次；

③东西向红灯与南北向绿灯亮 5s；

④南北向绿灯灭，黄灯闪烁 5 次。

由于延时时间为 5s，用定时器设置的 50ms 延时无法直接完成，因而程序中用 Timer_Count 来实现延时值的加倍，其中①③的操作用 Timer_Count 将延时加长 100 倍，形成 5s 延时；而②④操作则相对复杂一些，因为它们不仅需要加长延时，还需要控制闪烁，除了仍用 Timer_Count 加长延时外，还用 Flash_Count 来控制闪烁次数。

参考程序如下：

```
//名称：TIMER0 控制交通指示灯
```

```
//说明：东西向绿灯亮5s后，黄灯闪烁，闪烁5次后亮红灯
//红灯亮后，南北向由红灯变为绿灯，5s后南北向黄灯闪烁
//闪烁5次后亮红灯，东西向绿灯亮，如此往复
#include <reg51.h>
#define INT8U unsigned char
#define INT16U unsigned int
sbit RED_A      =  P0^0;   //东西向指示灯
sbit YELLOW_A   =  P0^1;
sbit GREEN_A    =  P0^2;
sbit RED_B      =  P0^3;   //南北向指示灯
sbit YELLOW_B   =  P0^4;
sbit GREEN_B    =  P0^5;
//延时倍数，闪烁次数，操作类型变量
INT8U Time_Count =0, Flash_Count =0, Operation_Type =1;
// T0 中断子程序
void T0_INT ( ) interrupt 1
{
  TH0  =  - 50000 / 256;
  TL0  =  - 50000 % 256;
  switch (Operation_Type)
  {
     case 1: //东西向绿灯与南北向红灯亮5s
           RED_A =0; YELLOW_A =0; GREEN_A =1;
           RED_B =1; YELLOW_B =0; GREEN_B =0;
           if( + +Time_Count!  =100) return;      //5s100 * 50ms
           Time_Count =0;
           Operation_Type =2;        //下一操作类型
           break;
     case 2: //东西向黄灯开始闪烁，绿灯关闭
           if( + +Time_Count!  =8) return;
           Time_Count =0;
           YELLOW_A =  ~YELLOW_A; GREEN_A =0;
           if( + +Flash_Count!  =10) return;
           Flash_Count =0;
           Operation_Type =3;          //下一操作类型
```

```
            break;
        case 3: //东西向红灯与南北向绿灯亮5s
            RED_A = 1; YELLOW_A = 0; GREEN_A = 0;
            RED_B = 0; YELLOW_B = 0; GREEN_B = 1;
            if( + +Time_Count! =100) return;      //5s100 * 50ms
            Time_Count = 0;
            Operation_Type = 4;           //下一操作类型
            break;
        case 4: //南北向黄灯开始闪烁
            if( + +Time_Count! =8) return;
            Time_Count = 0;
            YELLOW_B = ~YELLOW_B; GREEN_B = 0;
            if( + +Flash_Count! =10) return;
            Flash_Count = 0;
            Operation_Type = 1;        //回到第一种操作类型
            break;
    }
}
//主程序
void main( )
{
  TMOD = 0x01;  //定时器 T0 工作在方式 1
  IE = 0x82;           //允许定时器 0 中断
  TR0 = 1;             //启动定时器 0
  while(1);
}
```

习 题

一、选择题

1. MCS－51 单片机定时/计数器的方式 0 和方式 1 分别是(　　)位定时/计数器。

A. 13 和 16　　B. 16 和 13　　C. 8 和 16　　D. 16 和 8

2. MCS－51 单片机定时/计数器的最大定时时间是(　　)(设时钟频率为 6MHz)。

A. 65.536 ms　　B. 131.072 ms　　C. 8.192 ms　　D. 16.384 ms

3. MCS－51 单片机定时/计数器方式 l 时，其最大的计数个数是(　　)。

A. 65536　　D. 65635　　C. 8192　　D. 256

二、简答题

1. 以方式 0 为例，说明 MCS－51 的定时/计数器实现计数和定时功能的基本原理。

2. 单片机 8051 内部有几个定时/计数器？它们由哪些专用寄存器组成？

3. 单片机 8051 的定时/计数器有哪几种工作方式？各有什么特点？

4. 说明对 MCS－51 定时器进行初始化编程的步骤和内容。

三、应用题

1. 当定时器 T0 作在方式 3 时，由于 TR1 位已被 T0 占用，如何控制定时器 T1 的开启和关闭？

2. 已知单片机系统时钟频率 f_{osc} =6 MHz，若要求定时值分别为 0.1 ms、1 ms 和 10 ms，定时器 T0 工作在方式 0、方式 1、方式 2 时，定时器对应的初值各为多少？

3. 已知单片机系统时钟频率 f_{osc} =6 MHz，试编写程序，利用定时器 T0 工作在方式 3，使 P1.0 和 P1.1 分别输出周期为 1 ms 和 400 μs 的方波。

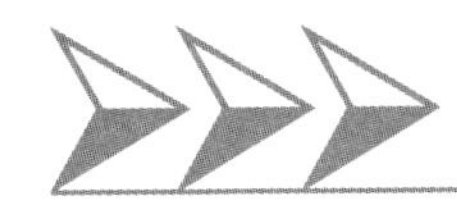

模块六　单片机的串行接口应用

6.1　MCS－51 单片机的串行接口

串行接口是计算机中一个重要的外部接口,计算机通过它与外部设备进行通信。

6.1.1　通信的基本概念

1. 串行通信与并行通信

计算机与外界的信息交换(数据传输)称为通信。通信有两种基本方式,并行通信与串行通信,分别如图 6.1(a)、6.1(b)所示。

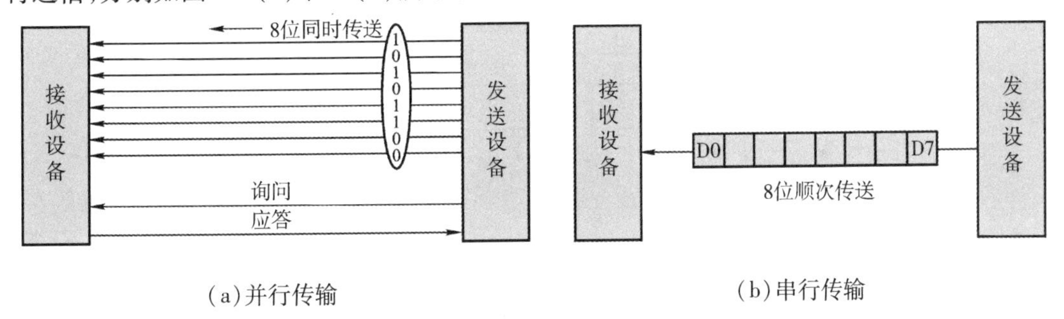

(a)并行传输　　(b)串行传输

图 6.1　并行通信与串行通信

在并行通信中,信息传输线的根数与传送的数据位数相等,数据所有位的传输同时进行,其通信速度快,但通信线路复杂、成本高,当通信距离较远、位数多时更是如此。因此并行通信适合于近距离通信。

串行通信的数据传输是在单根数据线上逐位顺序传送的,其通信速度慢,但仅使用一根或两根传输线,大大降低了成本,适合于远距离通信。

根据信息传送的方向,串行通信可分为单工、半双工和全双工 3 种方式,如图 6.2 所示。

(1)单工方式。这种方式只允许数据按一个固定的方向传送,如图 6.2(a)所示。

(2)半双工方式。数据可以从 A 发送到 B,也可以由 B 发送到 A。因 A、B 之间只有一根传输线,所以同一时刻只能作一个方向的传送,其传送方向由收发控制开关 K 进行切换。如图 6.3(b)所示。平时一般让 A、B 方都处于接收状态,以便能够随时响应对方的呼叫。

(3)全双工方式。数据可同时在两个方向上传送,如图 6.2(c)所示。

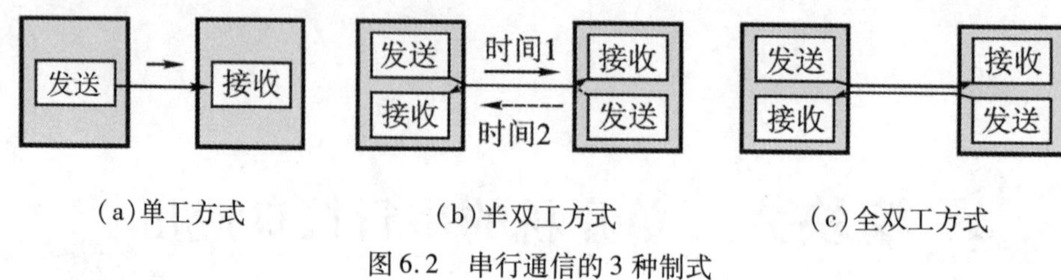

图 6.2　串行通信的 3 种制式

2. 异步通信和同步通信

串行通信按信息的格式又可分为异步通信和同步通信。

(1)串行异步通信。

串行异步通信方式的特点:数据在线路上传送时是以一个字符(字节)为单位,未传送时线路处于空闲状态,空闲线路约定为高电平"1"。传送一个字符又称为一帧信息。传送时每一个字符前面加一个低电平的起始位,然后是数据位,数据位可以是 5 ~ 8 位,低位在前,高位在后,数据位后可以带一个奇偶校验位,最后是停止位,停止位用高电平表示,它可以是 1 位或两位。格式如图 6.3 所示。

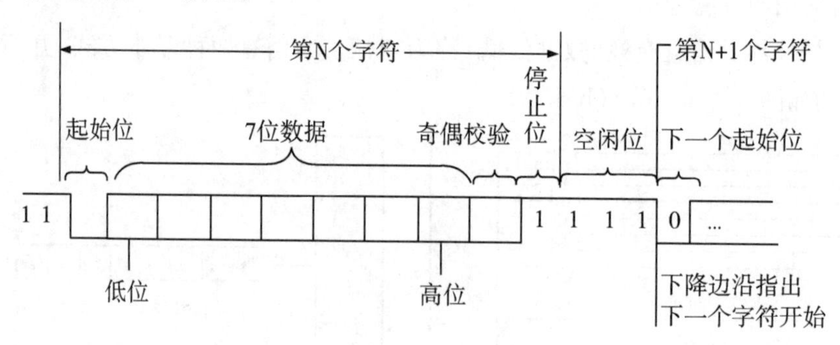

图 6.3　异步通信数据格式

异步传送时,字符间可以间隔,间隔的位数不固定。由于一次只传送一个字符,因而一次传送的位数比较少,对发送时钟和接收时钟的要求不高,线路简单,但传送速度较慢。

(2)串行同步通信。

串行同步通信方式的特点:数据在线路上传送时以字符块为单位,一次传送多个字符,传送时须在前面加一个或两个同步字符,后面加上校验字符。格式如图 6.4 所示。

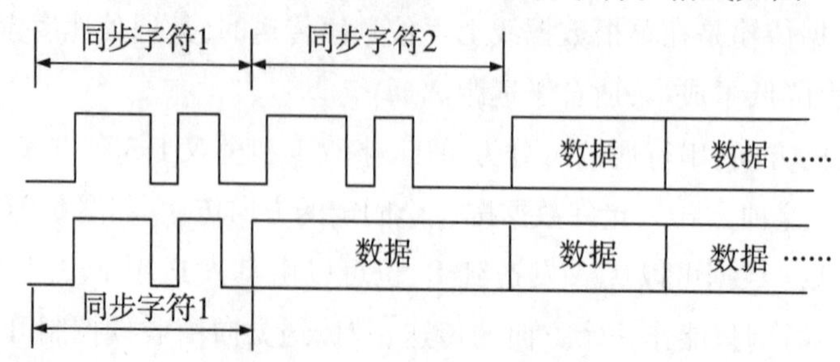

图 6.4　同步通信数据格式

同步方式时一次连续传送多个字符,传送的位数多,对发送时钟和接收时钟要求较高,往往用同一个时钟源控制,控制线路复杂,但传送速度快。

3. 波特率

波特率是串行通信中的一个重要概念,它用于衡量串行通信速度的快慢。波特率是指串行通信中单位时间传送的二进制位数,单位为 bps。例如,每秒传送 100 位二进制位,则波特率为 100 bps。在异步通信中,传输速度还可用每秒传送多少个字节来表示(Bps)。它与波特率的关系为:

波特率(bps)=一个字符的二进制位数×字符/秒(Bps)

例如,每秒传送 200 个字符,每个字符有 1 个起始位、8 个数据位、1 个校验位和 1 个停止位,则波特率为 2200 bps。在异步串行通信中,波特率一般为 50~9600 bps。

6.1.2　MCS-51 单片机串行口的功能与结构

1. 串行口的功能

MCS-51 单片机中的串行接口是一个全双工异步通信接口,可以同时发送和接收数据。发送、接收数据可通过查询或中断方式进行,使用方便灵活,能方便地与其他计算机或串行传送信息的外部设备(如串行打印机)实现双机、多机通信。它有 4 种工作方式,分别是方式 0、方式 1、方式 2 和方式 3。其中:

方式 0 称为同步移位寄存器方式,一般用于外接移位寄存器芯片以扩展 I/O 接口。

方式 1 称为 8 位的异步通信方式,通常用于双机通信。

方式 2 和方式 3 称为 9 位的异步通信方式,通常用于多机通信。

不同方式时的波特率也不一样,方式 0 和方式 2 的波特率直接由系统时钟产生,方式 1 和方式 3 的波特率由定时/计数器 T1 的溢出率决定。

2. 串行口的结构

MCS-51 单片机的串行口主要由两个数据缓冲器 SBUF、一个输入移位寄存器、一个串行控制寄存器 SCON 和一个波特率发生器 T1 等组成。其结构如图 6.5 所示。

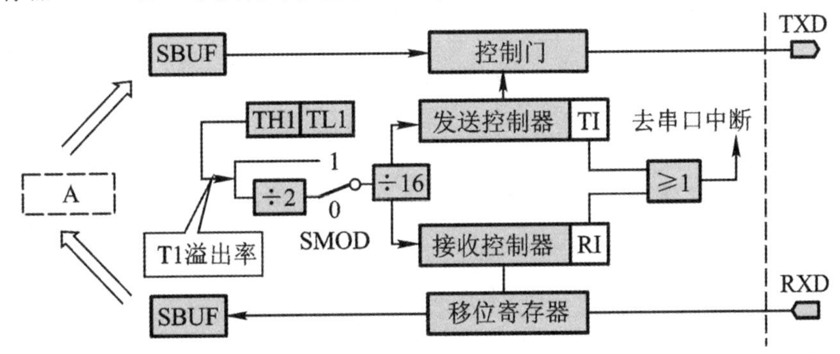

图 6.5　MCS-51 单片机串行口结构

从用户使用的角度看,它由 3 个特殊功能寄存器组成:发送数据寄存器和接收数据寄存器合起来用一个特殊功能寄存器 SBUF(串行口数据寄存器),串行口控制寄存器 SCON 和电源控制寄存器 PCON。

串行口数据寄存器 SBUF,字节地址为 99H,实际对应两个寄存器:发送数据寄存器和接收数据寄存器。当 CPU 向 SBUF 写数据时对应的是发送数据寄存器,当 CPU 读 SBUF 时对应的是接收数据寄存器。

发送数据时,当执行一条向 SBUF 写入数据的指令,把数据写入串口发送数据寄存器,就启动发送过程。在发送时钟的控制下,先发送一个低电平的起始位,紧接着把发送数据寄存器中的内容按低位在前,高位在后的顺序一位一位地发送出去,最后发送一个高电平的停止位。一个字符发送完毕,串行口控制寄存器中的发送中断标志位 T1 置位。对于方式 2 和方式 3,当发送完数据位后,要把串行口控制寄存器 SCON 中的 TB8 位发送出去后才发送停止位。

接收数据时,串行数据的接收受到串口控制寄存器 SCON 中的允许接收位 REN 的控制。当 REN 位置 1,接收寄存器就开始工作,对接收数据线进行采样,当采样到从"1"到"0"的负跳变时,接收控制器开始接收数据。为了减少干扰的影响,接收控制器在接收数据时,将 1 位的传送时间分成 16 等分,用其中的 7,8,9 三个状态对接收数据线采样,三次采样中,当两次采样为低电平,就认为接收的是"0";两次采样为高电平,就认为接收的是"1"。如果接收的起始位的值不是"0",则起始位无效,复位接收电路。如果起始位为"0",则开始接收其他各位数据。接收的前 8 位数据依次移入输入移位寄存器,接收的第 9 位数据置入串口控制寄存器的 RB8 位中。如果接收有效,则输入移位寄存器中的数据置入接收数据寄存器中,同时控制寄存器中的接收中断位 RI 置 1,通知 CPU 来取数据。

3. 串行口控制寄存器 SCON

深入理解 SCON 各位的含义,正确地用软件设定 SCON 各位是运用 MCS-51 串行口的关键。该专用寄存器的主要功能是串行通信方式选择,接收和发送控制及串行口的状态标志指示等作用。格式如图 6.6 所示。其中,SM0、SM1 为串行口工作方式选择位。

bit	9FH	9EH	9DH	9CH	9BH	9AH	99H	98H	
SCON	SM0	SM1	SM2	REN	TB8	RB8	TI	RI	(98H)

图 6.6 串行口控制寄存器 SCON

表 6.1 SM0、SM1 串行口工作方式、功能、波特率

SM0 SM1	工作方式	功能	波特率
0 0	方式 0	8 位同步移位寄存器	$f_{osc}/12$
0 1	方式 1	10 UART	可变:T1 溢出率/n(n=16,32)
1 0	方式 2	11 位 UART	$f_{osc}/64$、$f_{osc}/32$
1 1	方式 3	11 位 UART	可变:T1 溢出率/n(n=16,32)

SM2:允许方式2和方式3进行多机通信的控制位。在方式2和方式3中,如果SM2=1,那么串行口接收到第9位数据(RB8)为0时,则不置位RI(不提出中断请求);如果SM2=0,则接收到停止位信息后必置位RI。在方式1中,若SM2=1,则只有收到有效停止位时才置位RI。在方式0中,SM2必须是0。

REN:允许接收控制位。REN=0,则禁止串行口接收;REN=1,允许串行口接收。

TB8:是工作方式2和方式3中要发送的第9位数据,由软件置位或复位。该位可作为奇偶校验位。在多机通信中,该位用于表示是地址帧还是数据帧。

RB8:是工作方式2和方式3接收到的第9位数据,可能是奇偶校验位或地址/数据标识位。在方式1中,若SM2=0,则RB8是接收到的停止位。在方式0中,不使用RB8。

TI:发送中断标志位。在方式0中,当发送完第8位数据时,TI由硬件置位;在其他方式中,TI在开始发送停止位时由硬件置位。TI=1时,请求中断,CPU响应中断后,再发送下一帧数据。在任何方式下,都必须用软件对TI清零。

RI:接收中断标志位。在方式0中,当接收到第8位数据时,RI由硬件置位;在其他方式中,RI在接收到停止位的中间时刻,由硬件置位。RI=1时,串行口向CPU请求中断,CPU响应中断后,从SBUF中取出数据。在任何方式下,都必须用软件对RI清零。

4. 电源和波特率控制寄存器PCON

电源控制寄存器PCON是一个特殊功能寄存器,主要用于电源控制方面。另外,PCON中的最高位SMOD位,称为波特率加倍位,用于对串行口的波特率进行控制。它的格式如图6.7所示。

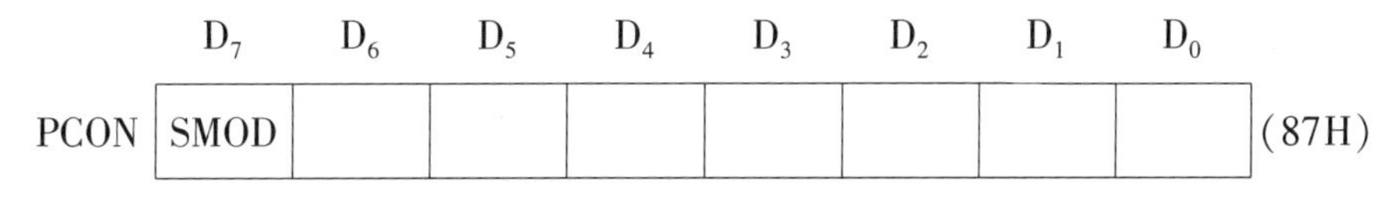

图6.7　电源和波特率控制寄存器PCON

当SMOD位为1时,则串行口方式1、方式2、方式3的波特率加倍。例如在工作方式2下,若SMOD=0时,则波特率为f_{osc}的1/64;当SMOD=1时,波特率为f_{osc}的1/32,恰好增大一倍。系统复位时,SMOD位为0。PCON其余位用于CHMOS型MCS-51单片机的低功耗控制。PCON的字节地址为87H,不能进行位寻址,只能按字节方式访问。

6.1.3　串行口的工作方式

MCS-51单片机的串行口有4种工作方式,由串行口控制寄存器SCON中的SM0和SM1决定。串行通信主要使用方式1、方式2、方式3。方式0主要用于扩展并行输入/输出口。

(1)方式0。这种工作方式比较特殊,与常见的微型计算机的串行口不同,它又叫同步移位寄存器输出方式。

在方式0下,串行口的SBUF作为同步移位寄存器使用,发送SBUF相当于一个并入串出的移位寄存器,接收 SBUF 相当于一个串入并出的移位寄存器。在这种方式下,数据从 RXD 端串行输出或输入,不论是发送还是接收数据,同步移位信号都从 TXD 端输出,波特率固定不变,为振荡频率的 1/12。该方式是以 8 位数据为一帧,没有起始位和停止位,依次由最低位到最高位发送或接收。

发送过程:当把要发送的数据写入串行口发送缓冲器 SBUF 后,串行口将 8 位数据从 RXD 端一位一位地输出,与此同时 TXD 引脚发出相应的同步脉冲信号。发送完数据后,由硬件将 TI 置"1",发送下一个数据之前,必须先用软件(指令)将 TI 清零。

接收过程:在满足 REN = 1 和 RI = 0 的前提条件下,就会启动一次接收过程。外部的数据一位一位地从 RXD 引脚输入,与此同时 TXD 引脚也发出相应的同步脉冲信号。接收完 8 位数据后,硬件置位 RI,接收下一个数据之前,也必须先用软件(指令)将 RI 清零。

方式 0 的波特率是固定的,为 $f_{osc}/12$。

(2)方式 1。串行口在方式 1 下工作于异步通信方式,规定发送或接收一帧数据有 10 位,包括 1 位起始位、8 位数据位和 1 位停止位。串行口采用该方式时,特别适合于点对点的异步通信。方式 1 的波特率可以改变。

发送过程:在工作方式 l 下发送数据时,CPU 执行一条写入 SBUF 的指令就启动发送,数据从 TXD 引脚输出,发送完一帧数据时,硬件置位中断标志 TI。

接收过程:当 REN =1 时,接收器对 RXD 引脚进行采样,采样脉冲频率是所选波特率的 16 倍。当采样到 RXD 引脚上出现从高电平"1"到低电平"0"的负跳变时,就启动接收器接收数据。如果接收到的不是有效起始位,则重新检测负跳变。接收器按"三中取二"原则(接收的值是 3 次采样中至少两次相同的值)来确定采样数据的值以保证采样接收准确无误。

方式 1 只有在满足两个条件(①RI = 0,②SM2 = 0 或接收到的停止位为 1),接收到的数据才有效。把接收到的有效 8 位数据送入接收 SBUF 中,停止位送入 RB8 中,并置位 RI。如果两个条件有一个不满足,则接收到的数据将被舍去,接收器重新检测 RXD 引脚。

方式 1 的波特率是可变的,为$\frac{2^{SMOD}}{32}\times$定时器 T1 溢出率,即为定时器 1 溢出率/16 或定时器 1 溢出率/32。

(3) 方式 2。在方式 2 下一帧数据由 11 位组成,包括 1 位起始位、8 位数据位、1 位可编程位(第 9 位数据)、1 位停止位。第 9 位数据 TB8,可用作奇偶校验或地址/数据标志位、接收数据时,可编程位送入 SCON 中的 RB8。第 9 位数据即具有特别的用途,可以通过软件来控制它,再加特殊功能寄存器 SCON 中的 SM2 位的配合,可使 MCS - 51 单片机串行口适用于多机通信。方式 2 的波特率固定,只有两种选择,为振荡频率的 1/32 或 1/64,可由 PCON 的最高位选择。

方式 2 和方式 3 的发送过程:发送数据时,CPU 先把第 9 位数据装入 SCON 的 TB8 中,第 9 位数据可用 SETB TB8 或 CLR TB8 位操作指令来完成,再把要发送的数据送入发送

SBUF。发送器便立即启动发送数据,发送完一帧数据后,硬件置位 TI,发送下一个数据之前,先用软件将 TI 清零。

方式 2 和方式 3 的接收过程:当 REN = 1 时,串行口可以接收数据,接收过程类似于方式 1,但必须同时满足两个条件(①RI = 0,②SM2 = 0 或接收到的第 9 位数据位为“1”),这样接收到的数据才有效。接收到的有效 8 位数据送入接收 SBUF,第 9 位数据装入 RB8,硬件置位 RI,否则,接收到的数据无效,RI 也不置位。

方式 2 的波特率:$\frac{2^{SMOD}}{64}\times f_{osc}$,即为:$f_{osc}/32$ 或 $f_{osc}/64$。

(4)方式 3。方式 3 与方式 2 完全类似,帧格式与方式 2 一样,一帧为 11 位。唯一的区别是方式 3 的波特率是可变的。所以方式 3 也适合于多机通信。

方式 3 的波特率:$\frac{2^{SMOD}}{32}\times$定时器 T1 溢出率,与方式 1 波特率的产生方法相同。

6.2　MCS－51 串行口的编程及应用

6.2.1　串行口的初始化编程

在 MCS－51 串行口使用之前必须先对它进行初始化编程。初始化编程是指设定串口的工作方式、波特率,启动它发送和接收数据。初始化编程的过程如下:

(1)串行口控制寄存器 SCON 位的确定。

根据工作方式确定 SM0、SM1 位。对于工作方式 2 和方式 3 还要确定 SM2 位。如果是接收端,则置允许接收位 REN 为 1;如果方式 2 和方式 3 发送数据,则应将发送数据的第 9 位写入 TB8 中。

(2)设置波特率。

对于方式 0,不需要对波特率进行设置。

对于方式 2,设置波特率仅需对 PCON 中的 SMOD 位进行设置。

对于方式 1 和方式 3,设置波特率不仅需对 PCON 中的 SMOD 位进行设置,还要对定时/计数器 T1 进行设置。这时定时/计数器 T1 一般工作于方式 2 自动重置方式。初值可由下面公式求得:

由于:

$$\text{波特率} = 2^{SMOD}\times(\text{T1 的溢出率})/32$$

则:

$$\text{T1 的溢出率} = \text{波特率}\times 32/2^{SMOD}$$

而 T1 工作于方式 2 的溢出率又可由下式表示:

$$\text{T1 的溢出率} = fosc/(12\times(256-\text{初值}))$$

所以:

$$\text{T1 的初值} = 256 - fosc\times 2^{SMOD}/(12\times\text{波特率}\times 32)$$

(3)选择查询方式或中断方式,在中断工作方式时,需设置 IE。

6.2.2 串行口的应用

MCS－51 单片机的串行口在实际使用中通常用于三种情况：利用方式 0 扩展并行 I/O 接口；利用方式 1 实现点对点的双机通信；利用方式 2 或方式 3 实现多机通信。

下面介绍利用方式 0 扩展并行 I/O 接口。

方式 0 输出的典型应用是外扩同步移位寄存器 74LS164，实现并行输出端口的扩展。当串行口设置在方式 0 输出时，串行数据由 RXD 端(P3.0)送出，移位脉冲由 TXD 端(P3.1)送出. 在移位脉冲的作用下，串行口发送缓冲器的数据逐位地从 RXD 端串行地移入 74LS164 中。

同步移位寄存器 74LS164 中 3～6 和 10～13 口为输出端；8 口为时钟输入(低电平到高电平边沿触发)，即 AT89C51 的 TXD 端(P3.1)接引脚 8；引脚 9 为中央复位输入(低电平有效)，例如可以用 AT89C51 的 P1_0 口接引脚 9。

【例 6.1】方式 0 外接 74LS164，仿真如图 6.8 所示。74LS164 的引脚 8 为同步脉冲输入端，引脚 9 为控制端，当引脚 9 为 0 时，允许串行数据从引脚 1 和引脚 2 输入，但是 8 位并行输入端关闭；当引脚 9 为 1 时，引脚 1 和引脚 2 输入端关闭，但是允许 74LS164 中的 8 位数据并行输出。当 8 位串行数据发送完毕后，引起中断，在中断服务程序中单片机通过串行口输出下一个 8 位数据。

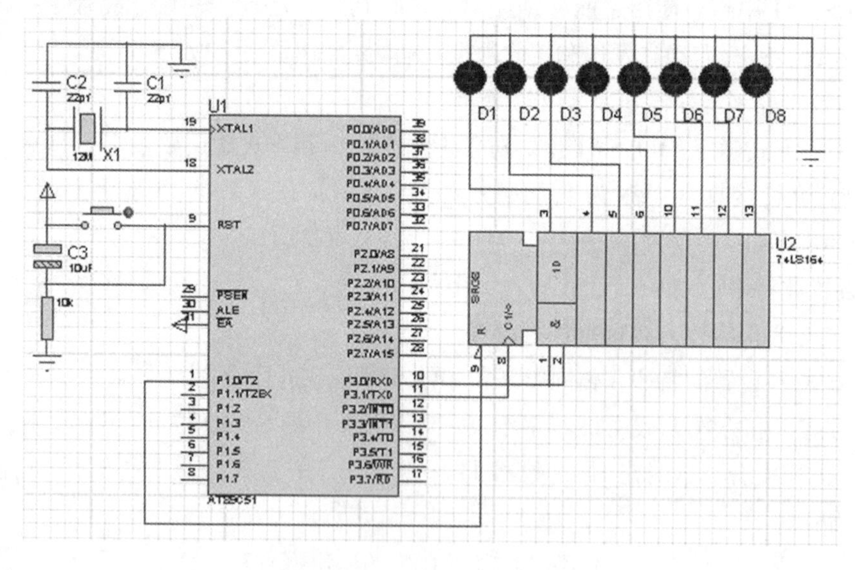

图 6.8 方式 0 外接 74LS164

参考程序如下：

```
#include < reg51. h >
#include < stdio. h >
sbit P1_0 = 0x90;
unsigned char nFasongByte;
```

```
void delay(unsigned int i)
  {
  unsigned char j;
  for( ;i >0;i - - )
     for(j =0;j <125;j + + );
  }
main( )
  {
   SCON =0x00;
   EA  = 1;
   ES  = 1;
   nFasongByte  = 1;
   SBUF  = nFasongByte;
   P1_0 =0;
     for( ; ; );
}
void Serial_Port_Output0( ) interrupt 4 using 0
{
  if(TI)
   {
   P1_0 =1;
   SBUF =nFasongByte;
   delay(300);
   nFasongByte  =  nFasongByte < <1;
   if(nFasongByte  =  = 0)    nFasongByte  = 1;
   SBUF  = nFasongByte;
   P1_0 =0;
   }
  TI =0;
}
```

【例 6.2】方式 0 外接 74LS165,仿真如图 6.9 所示。串行口外接一片 8 位并行输入、串行输出的同步移位寄存器 74LS165,将 8 个开关的状态通过串口的方式 0 读入到单片机内。74LS165 的引脚 1 为控制端,若引脚 1 为 0,则 74LS165 可以并行输入数据,且串行输出端关闭;若引脚 1 为 1,则并行输入关闭,可以串行输出。

参考程序如下:

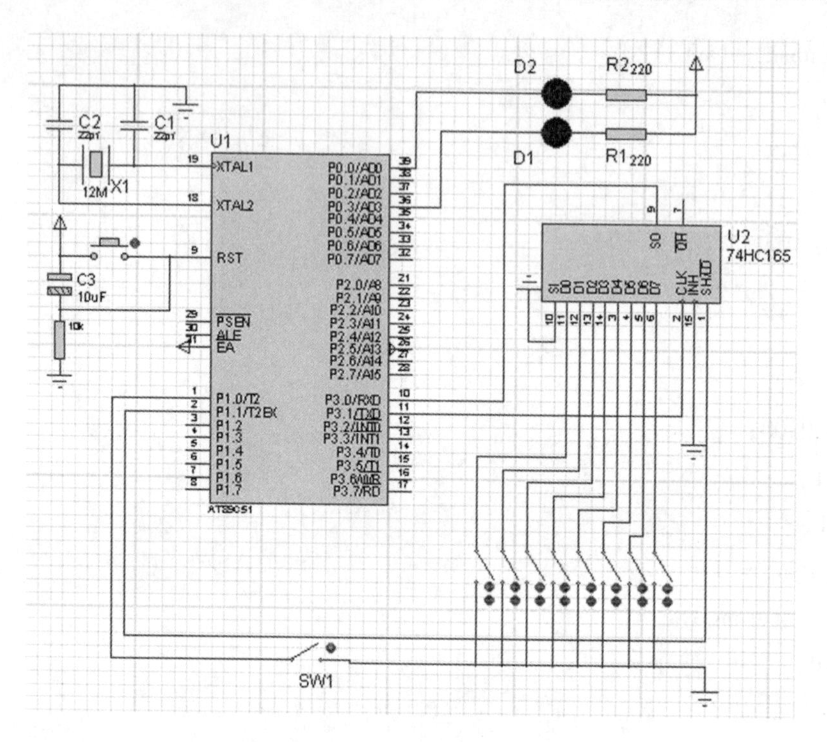

图 6.9 方式 0 外接 74LS165

```
#include <reg51.h>
#include <stdio.h>
sbit P1_0  = 0x90;
sbit P1_1 =0x91;
unsigned char nRxByte;
void delay(unsigned int i)
   {
   unsigned char j;
   for( ;i >0;i - - )
     for(j =0;j <125;j + + );
   }
main( )
{
   SCON  = 0x10;
   EA =1;
   ES =1;
   while(1)
     {
```

```
    ;
    }
}
void Serial_Port_Output0( ) interrupt 4 using 0
{
  if( RI)
    {
     if( P1_0 = =0)
      {
      P1_1 =0;
      delay( 1) ;
      P1_1 =1;
      nRxByte  =  SBUF;
      P0 = nRxByte;
      }
  }
  RI =0;
}
```

任务六　双机串口双向通信设计

MCS－51 单片机的串行口在实际使用通常用于三种情况：利用方式 0 扩展并行 I/O 接口；利用方式 1 实现点对点的双机通信；利用方式 2 或方式 3 实现多机通信。

例 6.1 和例 6.2 为大家介绍了利用方式 0 扩展并行 I/O 接口的实例，下面介绍利用方式 1 实现点对点双机通信。如图 6.10 所示，仿真电路中的两片单片机振荡器频率均配置为 11.0592MHz，二者的串口均工作于模式 1，甲、乙两片单片机完成如下双向控制任务：

(1) 甲机按键依次按下时可分别控制乙机的 VD1 点亮、VD2 点亮、VD1 与 VD2 同时点亮及同时熄灭，且甲机的 LED 与乙机的 LED 同步动作。

(2) 乙机按键依次按下时将向甲机发送数字 0 ~9，甲机接收后在共阳数码管上显示。

1. 程序设计与调试

(1) RS－232 接口及 MAX232 驱动器简介。

RS－232 是使用最为广泛的一种串行接口，它被定义为一种在低速率串行通信中增加通信距离的单端标准。RS－232 采取不平衡传输方式，即所谓单端通信。一个完整的 RS－232 接口有 22 根线，采用标准的 25 芯接口，目前广泛使用的是 9 芯的 RS－232 接口，它的外形都是 D 形的对接的两个接口，又分为针式和孔式两种。在连接距离上，如果通信速率低于

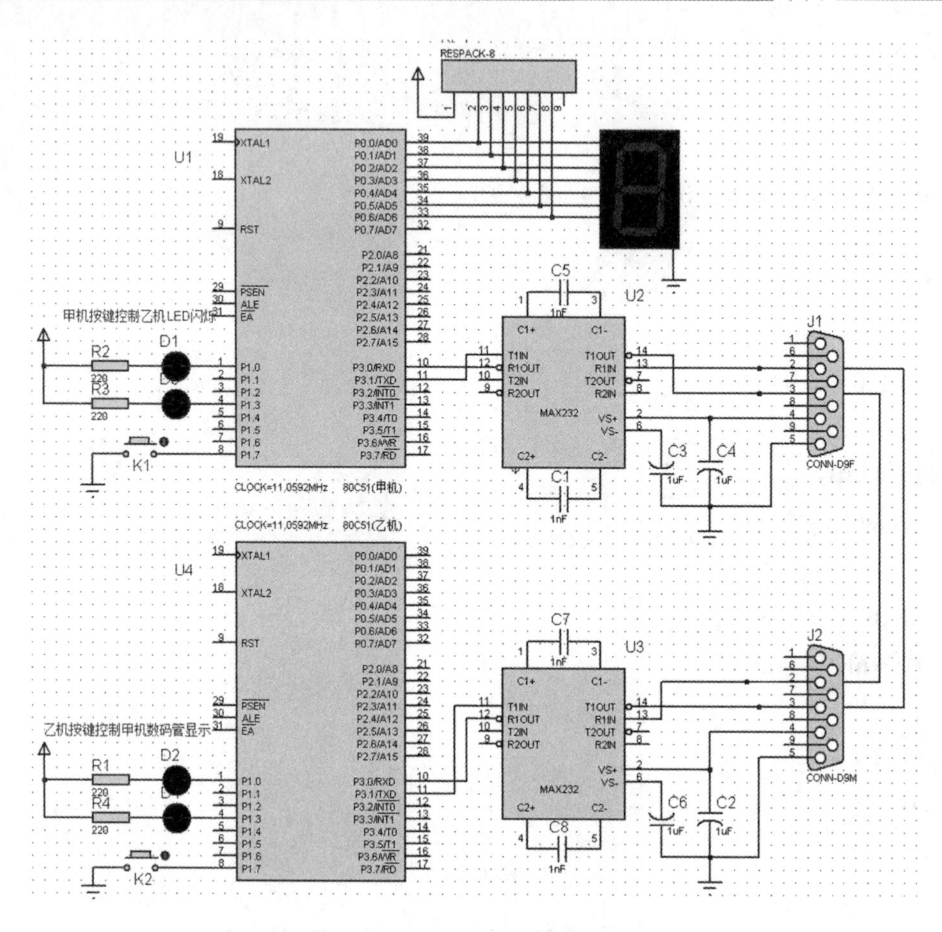

图 6.10 双机串口双向通信电路

20Kb/s,RS-232 直接连接的设备之间最大物理距离为 15m。图 6.11 给出了标准的 9 针 RS-232连接头实物及引脚,表 6.2 给出了 DB9 连接头中各引脚的功能说明。仿真电路中 CONN-DF9 连接了其中的 2、3 号引脚,即 RXD 与 TXD 引脚。

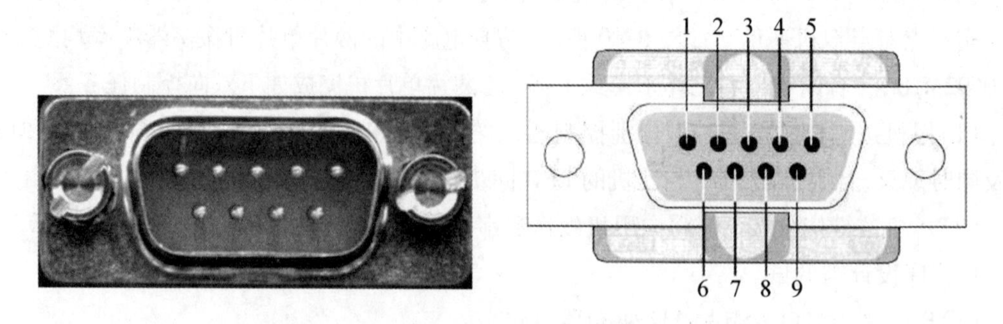

图 6.11 标准的 9 针 RS-232 连接头实物及引脚

为了将 PC 的串行口 RS-232 信号电平(-10V, +10V)转换为单片机所用的 TTL 信号电平(0V, +5V),常用的串口收/发器是 MAX232。图 6.12 给出了 MAX232 系列收/发器的引脚及典型工作电路。

表 6.2 RS - 232 DB9 串口连接图针脚说明

引脚号	缩写符	信号方向	说明	引脚号	缩写符	信号方向	说明
1	DCD	输入	载波检测	6	DSR	输入	数据装置准备好
2	RXD	输入	接收数据	7	RTS	输出	请示发送
3	TXD	输出	发送数据	8	CTS	输入	清除发送
4	DTR	输出	数据终端准备好	9	RI	输入	振铃指示
5	GND	公共端	信号地				

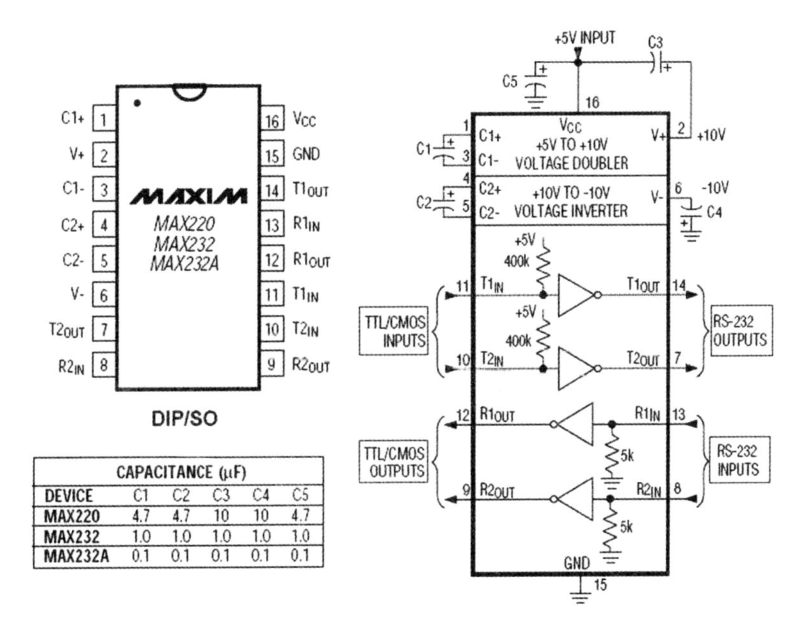

图 6.12 MAX232 系列串口收/发器引脚及典型工作电路

(2)串口通信程序设计。

本例中两片单片机均工作在串口模式(10 位异步通信模式),主程序首先初始化串口,其主要任务是设置生成波特率的定时器 1、串口控制和中断控制。具体步骤如下:

①设置串口模式(SCON);

②设置定时器 1 的工作方式 2(TMOD);

③设置定时器 1 的初值(TH1/TL1);

④启动定时器 1(TR1);

⑤如果串口工作在中断方式,还必须设置 IE 允许 ES 中断,并编写中断程序。

本例双机程序中设 SCON = 0x50(01010000),两者都将串口设为模式 1,同时允许发送与接收。由 Timer1 定时器控制波特率时,计算公式为:

$$波特率 = 2^{SMOD} \times 晶振频率/[12 \times (256 - TH1) \times 32]$$

程序中设 TH1 = TL1 = 0xFD(253,TL1 溢出时 TH1 自动重新装入 TL1),设 PCON = 0x00(SMOD 为 PCON 的最高位),波特率不倍增,即 SMOD = 0,对于 11.0592MHz 晶振,可计算出

波特率为：

$$2^0 \times 11059200/[12 \times (256-253) \times 32] = 9600\text{b/s}$$

如果要根据指定的波特率求计数器初值，计算公式为：

$$\text{TH1} = 256 - 2^{\text{SMOD}} \times 晶振频率/(384 \times 波特率)$$

11.0592MHz 这一特殊振荡器频率刚好能够在上述公式中被整除，使得运算结果为整数。

某些振荡器频率代入公式时会出现除不尽的情况，导致产生的波特率存在误差，一般要求波特率误差不能超过10%。表6.3给出了8051技术手册提供的Timer1定时器生成的常见波特率，在选用不同的振荡器频率时，可参照该表进行配置。部分频率代入公式会出现除不尽的情况，但在表中指定的配置下依然能够实现低速通信。

表6.3 Timer1 定时器生成的常见波特率

波特率/(b/s)	Fosc/MHz					SMOD
	11.0592	12	14.7456	16	20	
150	40h	30h	00h			0
300	A0h	98h	80h	75h	52h	0
600	D0h	CCh	C0h	BBh	A9h	0
1200	E8h	E6h	E0h	DEh	D5h	0
2400	F4h	F3h	F0h	EFh	EAh	0
4800		F3h	EFh	EFh		1
4800	FAh		F8h		F5h	0
9600	FDh		FCh			0
9600					F5h	1
19200	FDh		FCh			1
38400			FEh			
76800			FFh			

完成上述相关配置后，启动定时器1即可启动串行通信模块工作。本例中两片单片机串口接收均工作于中断方式，因为发送一个字符或接收一个字符均会引发串口中断，故在串口中断函数内处理数据接收问题时，需要判断RI是否被硬件置位，在开始读取SBUF时，注意将RI软件清零。在发送字符时，将待发送字符放入SBUF寄存器即可启动串行输出，此时需要循环等待TI被硬件置位，当硬件置位TI时即表示一个字节发送完毕，此时同样应注意将TI软件清零。有关串口收/发功能的详细设计可参阅下面的源程序代码及相关注释语句。

参考源程序代码如下：

```
//*  ****************************** 甲机代码 ******************************
```

```
/*名称:甲机串口程序
  说明:甲机向乙机发送控制命令字符,甲机同时接收乙机发送的数字,并显示在数码
管上。
*/
#include <reg51.h>
#define uchar unsigned char
#define uint unsigned int
sbit LED1 = P1^0;
sbit LED2 = P1^3;
sbit K1 = P1^7;
uchar Operation_No = 0;                //操作代码
//数码管代码
uchar code DSY_CODE[] = {0x3f,0x06,0x5b,0x4f,0x66,0x6d,0x7d,0x07,0x7f,0x6f};
//延时
void DelayMS(uint ms)
{
    uchar i;
    while(ms--) for(i=0;i<120;i++);
}
//向串口发送字符
void Putc_to_SerialPort(uchar c)
{
    SBUF = c;
    while(TI==0);
    TI = 0;
}
//主程序
void main()
{
    LED1 = LED2 = 1;
    P0 = 0x00;
    SCON = 0x50;                       //串口模式1,允许接收
    TMOD = 0x20;                       //T1 工作模式2
    PCON = 0x00;                       //波特率不倍增
    TH1 = 0xfd;
```

```
    TL1 =0xfd;
    TI = RI =0;
    TR1 =1;
    IE =0x90;                        //允许串口中断
    while(1)
    {
       DelayMS(100);
       if(K1 = =0)                   //按下 K1 时选择操作代码 0,1,2,3
       {
         while(K1 = =0);
         Operation_No = (Operation_No +1)%4;
         switch(Operation_No)        //根据操作代码发送 A/B/C 或停止发送
         {
           case 0 :  Putc_to_SerialPort('X');
                     LED1 =LED2 =1;
break;
           case 1:  Putc_to_SerialPort('A');
                    LED1 = ~LED1;LED2 =1;
                    break;
           case 2:  Putc_to_SerialPort('B');
                    LED2 = ~LED2;LED1 =1;
                    break;
           case 3:  Putc_to_SerialPort('C');
                    LED1 = ~LED1;LED2 =LED1;
                    break;
         }
       }
    }
}
//甲机串口接收中断函数
void Serial_INT() interrupt4
{
    if(RI)
    {
      RI =0;
```

```
        if(SBUF > =0&&SBUF < =9) P0 = DSY_CODE[SBUF];
        else P0 =0x00;
    }
}

/ * 名称:乙机程序接收甲机发送字符并完成相应动作
   说明:乙机接收到甲机发送的信号后,根据相应信号控制 LED 完成不同闪烁动作。
 * /
#include < reg51. h >
#define uchar unsigned char
#define uint unsigned int
sbit LED1 = P1^0;
sbit LED2 = P1^3;
sbitK2 = P1^7;
uchar NumX = -1;
//延时
void DelayMS(uint ms)
{
    uchar i;
    while(ms - - ) for(i =0;i <120;i + + );
}
//主程序
void main( )
{
    LED1 = LED2 =1;
    SCON =0x50;              //串口模式 1,允许接收
    TMOD =0x20;              //T1 工作模式 2
    TH1 =0xfd;               //波特率 9600
    TL1 =0xfd;
    PCON =0x00;              //波特率不倍增
    RI = TI =0;
    TR1 =1;
    IE =0x90;
    while(1)
    {
```

```
DelayMS(100);
if(K2 = =0)
{
while(K2 = =0);
NumX = + +NumX%11;//产生0~10范围内的数字,其中10表示关闭
SBUF = NumX;
while(TI = =0);
TI =0;
}
}
}
void Serial_INT() interrupt 4
{
if(RI)//如收到则LED动作
{
RI =0;
switch(SBUF)                //根据所收到的不同命令字符完成不同动作
{
case 'X':LED1 = LED2 =1;break;         //全灭
case 'A':LED1 =0;LED2 =1;break;        //LED1亮
case 'B':LED2 =0;LED1 =1;break;        //LED2亮
case 'C':LED1 = LED2 =0;               //全亮
}
}
}
```

习 题

一、填空题

1. 计算机的数据传送有两种方式,即:(　　)方式和(　　)方式。其中具有成本低特点的是(　　)数据传送。

2. 异步串行通信的帧格式由(　　)位、(　　)位、(　　)位和(　　)位组成。

3. 异步串行数据通信有(　　)、(　　)和(　　)共三种数据通路方式。

4. 串行接口电路的主要功能是(　　)化和(　　)化,把帧中格式信息滤除而保留数据位的操作是(　　)化。

5. 专用寄存器“串行数据缓冲寄存器”,实际上是(　　)寄存器和(　　)寄存器的总称。

6. 在串行通信中,收发双方对波特率的设定应该是(　　)的。

7. 使用定时器/计数器 1 设置串行通信的波特率时,应把定时器/计数器 1 设定为工作方式(　　),即(　　)方式。

二、简答题

1. 概念解释:并行通信、串行通信、波特率、单工、半双工、全双工、奇偶校验。

2. 假定异步通信的字符格式为 1 个起始位,8 个数据位、2 个停止位以及奇校验,请画出传送字符“T”的帧格式。

3. 以 8051 串行口按工作方式 3 进行串行数据通信。假定波特率为 1200bps,第 9 数位作为奇偶校验位,以中断方式传送数据,请编写程序。

4. 比较分析串行口 4 种波特率的异同。

5. 利用 80C51 串行口扩展 I/O 口,控制 4 个数码管以一定速率闪烁,画出电路并编程。

模块七 MCS－51单片机系统的扩展应用

单片机芯片内部具有CPU、ROM、RAM、定时/计数器、中断系统及I/O接口等,因此一个单片机芯片实质上已经是一台名副其实的计算机了。对于一些小型系统来说,单片机的这些内部资源已足够使用,但在一些大型单片机应用系统中,这些资源就显得十分有限。为此需要对单片机进行硬件资源扩展,包括存储器扩展、并行I/O口扩展、A/D及D/A等,从而构成功能更强的单片机应用系统。

本模块主要介绍单片机常用数字电路芯片及存储器扩展、并行I/O口扩展、A/D及D/A等常用接口电路的连接方法。

7.1 单片机常用数字电路芯片

在单片机进行外围扩展时,常用的数字电路芯片包含锁存器74LS373、译码器74LS138、缓冲器74LS244。下面对这些电路芯片进行简要介绍。

7.1.1 锁存器

MCS－51单片机的引脚数量是有限的,而P0口兼有数据线和低8位地址线,如果要将它们分离出来,需要在单片机外部增加地址锁存器。较常用的锁存器芯片为74LS373。

74LS373是一种带有三态门的8D锁存器,其引脚如图7.1所示。

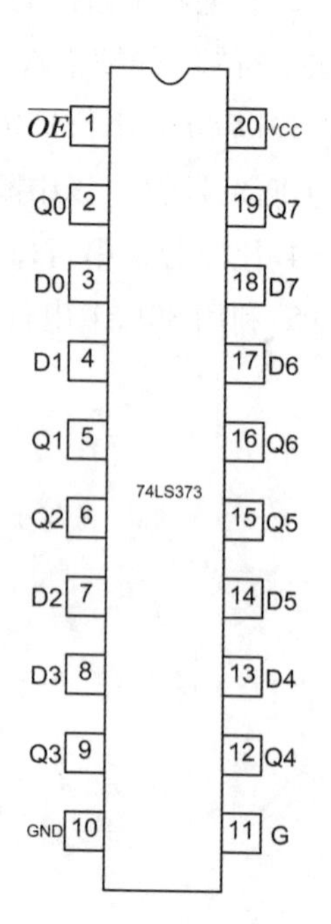

图7.1 74LS373引脚图

74LS373引脚说明如下:

· D7～D0:8位数据输入线。

· Q7～Q0:8位数据输出线。

· G:数据输入锁存选通信号。当加到该引脚的信号为高电平时,外部数据选通到内部锁存器,负跳变时,数据锁存到锁存器中。

· $\overline{OE}$:数据输出允许信号。当该信号为低电平时,三态门打开,锁存器中数据输出到数据输出线;当该信号为高电平时,输出线为高阻态。

74LS373 真值表如表 8.1 所示：

表 7.1　74LS373 真值表

$\overline{OE}$	G	D	Q
0	1	1	1
0	1	0	0
0	0	×	不变
1	×	×	高阻态

7.1.2　译码器

常用的译码器芯片是 74LS138。74LS138 是 3－8 译码器，即对 3 个输入信号进行译码，得到 8 个输出状态。

74LS138 译码器有 3 个数据输入端，经译码产生 8 种状态，74LS138 引脚如图 7.2 所示。

当译码器的输入为某一固定编码时，其输出仅有一个固定的引脚为低电平，其余的为高电平。而输出为低电平的引脚作为某一存储器芯片的片选端的控制信号。

74LS138 引脚说明如下：

· $\overline{G2A}$和$\overline{G2B}$：选通端，低电平有效。

· G1：芯片选通端。

· A、B、C：芯片输入端。

· $\overline{Y0}$和$\overline{Y7}$：芯片输出端，输出仅有一个固定的引脚为低电平。

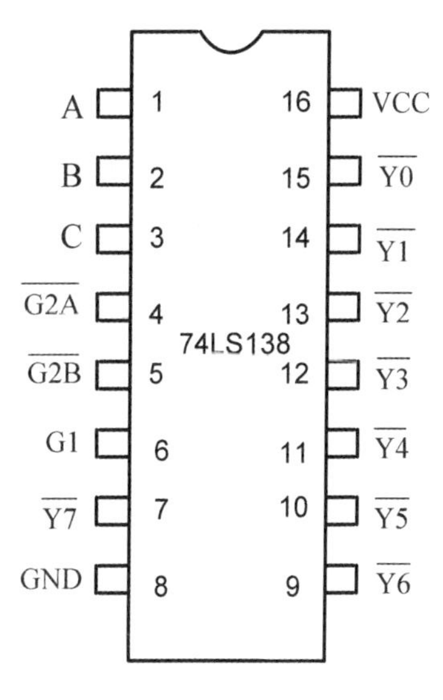

图 7.2　74LS138 引脚图

74LS138 真值表如表 7.2 所示。

表 7.2　74LS138 真值表

输入端						输出端							
G1	$\overline{G2A}$	$\overline{G2B}$	C	B	A	$\overline{Y7}$	$\overline{Y6}$	$\overline{Y5}$	$\overline{Y4}$	$\overline{Y3}$	$\overline{Y2}$	$\overline{Y1}$	$\overline{Y0}$
1	0	0	0	0	0	1	1	1	1	1	1	1	0
1	0	0	0	0	1	1	1	1	1	1	1	0	1
1	0	0	0	1	0	1	1	1	1	1	0	1	1
1	0	0	0	1	1	1	1	1	1	0	1	1	1
1	0	0	1	0	0	1	1	1	0	1	1	1	131
1	0	0	1	0	1	1	1	0	1	1	1	1	1
1	0	0	1	1	0	1	0	1	1	1	1	1	1
1	0	0	1	1	1	0	1	1	1	1	1	1	1

7.1.3 缓冲器

总线驱动器 74LS244 经常用作三态数据缓冲器，74LS244 为单向三态数据缓冲器。下面对 74LS244 的引脚图和引脚使用方法进行介绍。

74LS244 为三态 8 位缓冲器，为低电平有效的使能端。74LS244 没有锁存功能，其内部有 8 个三态驱动器，分成两组，分别由控制端 $\overline{1G}$ 和 $\overline{2G}$ 控制。74LS244 的引脚如图 7.3 所示。

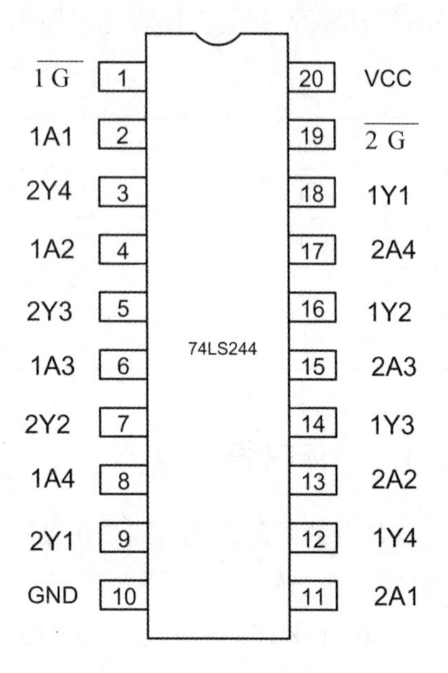

图 7.3　74LS244 引脚图

74LS244 引脚说明如下：

- 1A1～1A4 和 2A1～2A4：输入端。
- $\overline{1G}$ 和 $\overline{2G}$：三态允许端（低电平有效）。
- 1Y1～1Y4 和 2Y1～2Y4：输出端。

74LS244 真值表如表 7.3 所示：

表 7.3　74LS244 真值表

Inputs		Output
$\overline{1G}$,$\overline{2G}$	A(D)	Y(Q)
L	L	L
L	H	H
H	×	(Z)

7.2　单片机外部存储器的扩展

7.2.1 单片机系统扩展原理及存储器扩展编址技术

单片机通过三总线扩展外部接口电路，各个外围功能芯片通过三组总线与单片机相连。这三组总线分别是地址总线、数据总线和控制总线。三总线结构如图 7.4 所示。

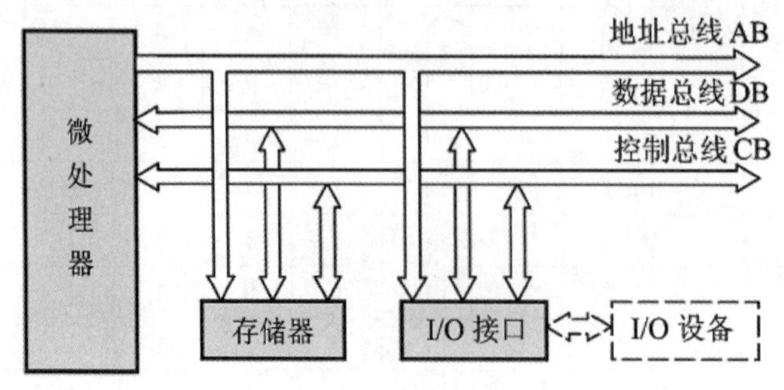

图 7.4　三总线结构

1. 单片机系统扩展原理

(1)地址总线。

如果单片机扩展外部的存储器芯片，在一个存储器芯片中有许多存储单元，要依靠地址进行区分，在单片机和存储器芯片之间要用一些地址线相连。除存储器之外，其他扩展芯片也有地址问题，也需要和单片机之间用地址线连接，各个外围芯片共同使用的地址线构成了地址总线。

地址总线是公用总线中的一种，由于单片机向外部输出地址信号，它是一种单向的总线。地址总线的根数决定了单片机可以访问的存储单元数量和 I/O 端口的数量。如果有 n 根地址线，就可以产生 2^n 个地址编码，可访问 2^n 个地址单元。

(2)数据总线。

数据总线用于外围芯片和单片机之间进行数据传递，如将外部存储器中的数据送到单片机的内部，或者将单片机中的数据送到外部的 D/A 转换器。在 51 单片机中，数据的传递是用 8 根线同时进行的，即 51 单片机的数据总线的宽度是 8 位，这 8 根线就被称为数据总线。数据总线是双向的，既可以由单片机传到外部芯片，也可以由外部芯片传入单片机。

(3)控制总线。

控制总线是一组控制信号线，有些是由单片机送出(控制其他芯片)的，而有一些则是由其他芯片送出(由单片机接收，以确认这些芯片的工作状态等)的。对于 51 单片机而言，这一类线的数量较少。这类线就其某一根而言是单向的，可能是单片机送出的控制信号，也可能是外部送到单片机的控制信号，但就其总体而言，则是双向的，因为控制总线里面一部分是送出信号的，一部分是接收信号的。

系统的扩展归结为三总线的连接，连接时应遵守以下原则：

(1)连接双方的数据线、地址线、控制线要相互对应，即数据线连数据线，地址线连地址线，控制线连控制线。要特别说明的是，程序存储器接 $\overline{PSEN}$，数据存储器接 $\overline{WR}$ 和 $\overline{RD}$。

(2)控制线相同的地址线不能相同，地址线相同的控制线不能相同。

(3)片选信号有效的芯片才能被选中工作，当同类芯片仅有一片时片选端可接地，当同类芯片有多片时片选端可通过线译码、部分译码、全译码接地址线，在单片机系统中一般采用线选法。AT89C51 单片机与总线接口的信号图如图 7.5 所示。

2. 存储器扩展编址技术

存储器扩展时有两种编址方法，即线选法和译码法。

(1)线选法。

线选法就是直接以系统的地址作为存储芯片的片选信号，为此只需把高位地址线与存储芯片的片选信号直接连接即可。线选法的优点是简单明了，不需要另外增加电路；缺点是存储空间不连续，适合于小规模单片机系统的存储器扩展。

(2)译码法。

译码法就是使用译码器对系统的高位地址进行译码，以其译码输出作为存储芯片的片

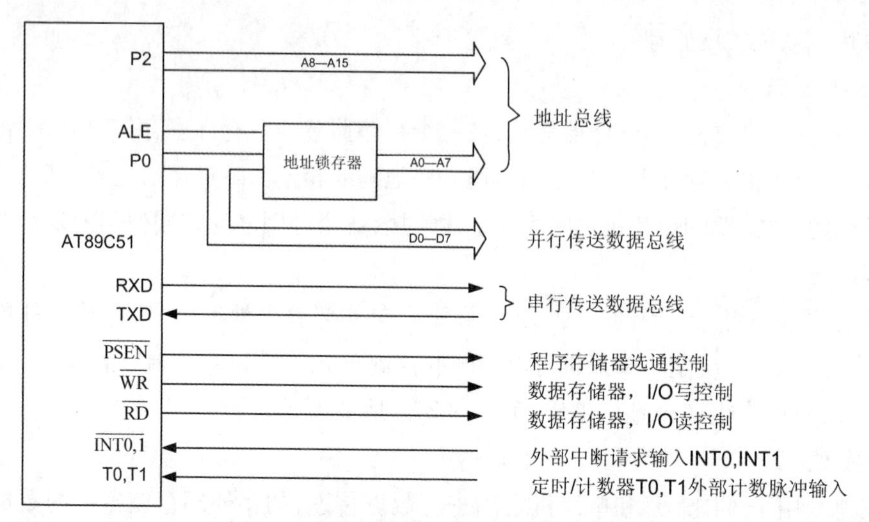

图 7.5　AT89C51 单片机与总线接口的信号图

选信号。这是一种最为常用的存储器编址方法,能有效利用空间,特点是存储空间连续,适合大容量多芯片存储器扩展。

7.2.2　程序存储器的扩展

程序存储器必须具有系统掉电后信息不会丢失的特性,因此 EPROM、EEPROM 芯片都可以作为程序存储器。电擦除可编程只读存储器(EEPROM)是一种可用电气方法在线擦除和再编程的只读存储器,它既有 RAM 可读可改写的特性,又有非易失性,即存储器 ROM 在掉电后仍能保持数据的优点。因此 EEPROM 在单片机存储器扩展时既可以用作程序存储器,也可以用作数据存储器,具体由硬件电路确定。

1. 常用 EEPROM 芯片介绍

常用的 EEPROM 芯片如表 7.4 所示,其共有的特点如下:

(1)读出时间单位为 ns 级,写入时间单位为 ms 级。

(2)单 +5V 供电,电可擦除可改写。

(3)芯片引脚信号与相应的 RAM 和 EEPROM 芯片兼容。

表 7.4　表常用的 EEPROM 芯片

型号	引脚数	容量(字节)	引脚兼容的存储器
2816	24	2KB	2716、6116
2817	28	2KB	2717
2864	28	8KB	2764、6264
28C256	32	32KB	27C256
28F512	32	64KB	27C512

2. EEPROM 与单片机的连接

2864 是 8KB 的 EEPROM 芯片,维持电流为 60mA,芯片内有电压提升电路,编程时不必增高压,单一 +5V 供电。AT89C51 与 2864 的连接如图 7.6 所示。

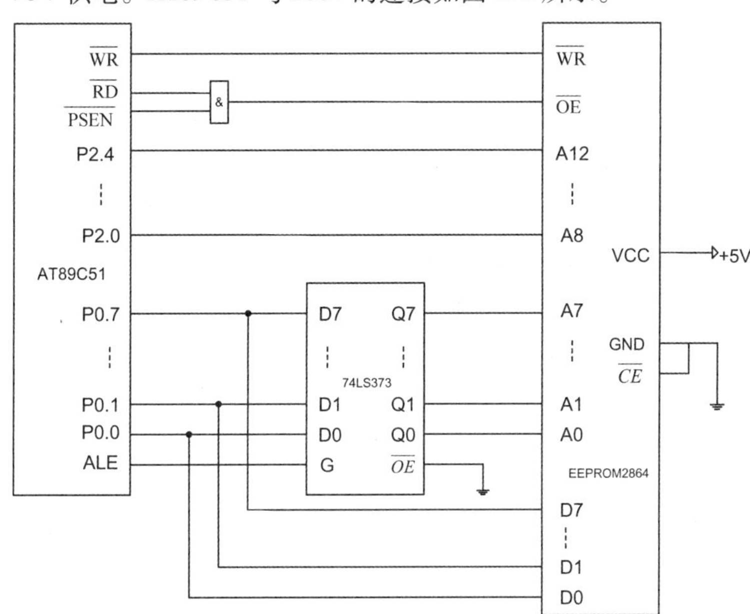

图 7.6　AT89C51 与 2864 的连接

地址锁存器可以使用 74LS373。图 7.6 中 74LS373 为 8D 锁存器,其主要特点为控制端 G 为高电平时,输出 Q0 ~ Q7 复现输入 D0 ~ D7 的状态:G 为下降沿时,D0 ~ D7 的状态被锁存在 Q0 ~ Q7 上。当把 ALE 与 G 连接后,ALE 的下降沿正好把 P0 口上此时出现的 PC 寄存器指示的低 8 位指令地址 A0 ~ A7 锁存在 74LS373 的 Q0 ~ Q7,由于 P2 口有锁存功能,A8 ~ A12 高 4 位地址直接接在 P2.0 ~ P2.4 口线上,而无须加锁存器。74LS373 的 $\overline{OE}$ 接地,使其始终处于允许输出状态。

$\overline{RD}$ 和 $\overline{PSEN}$ 通过与门接 2864 的 $\overline{OE}$ 端,无论 $\overline{RD}$ 还是 $\overline{PSEN}$ 有效(变为低电平),均会使 2864 的 $\overline{OE}$ 有效,使得 2864 中 A0 ~ A12 指定地址单元中的指令码从 2732 的 D0 ~ D7 输出,被正好处于读入状态的 P0 端口输入到单片机内执行,因此该电路中的 2864 既可以作为程序存储器,又可作为数据存储器。由于此时只扩展了一片存储器芯片,所以片选端接地。

7.2.3　数据存储器的扩展

6264 是一款具有 8KB 的静态 RAM,下面将以 6264 为例来说明 AT89C51 单片机数据存储器的扩展。AT89C51 单片机与 RAM6264 的连接如图 7.7 所示。

ALE 把 P0 端口输出的低 8 位地址 A0 ~ A7 锁存在 74LS373,P2 口的 P2.0 ~ P2.4 直接输出高 5 位地址 A8 ~ A12,由于单片机的 $\overline{RD}$ 和 $\overline{WR}$ 分别与 6264 的输出允许 $\overline{OE}$ 和写信号 $\overline{WE}$ 相连,执行读操作指令时,$\overline{RD}$ 和 $\overline{OE}$ 有效,RAM6264 中指定地址单元的数据经 D0 ~ D7 由 P0 口读入;执行写指令时,$\overline{WR}$ 使 $\overline{WE}$ 有效,由 P0 口提供的要写入 RAM 的数据经 D0 ~ D7 写入

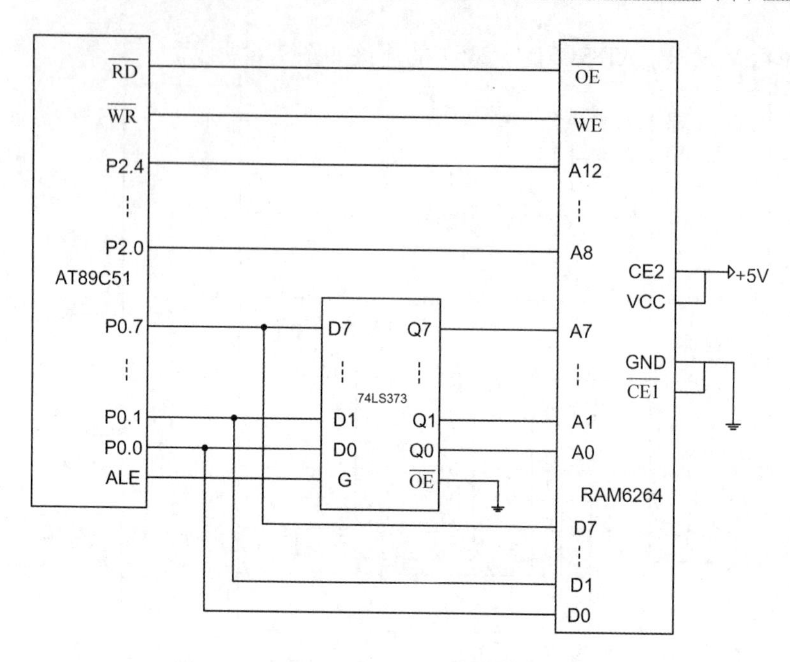

图 7.7 AT89C51 单片机与 RAM6264 的连接

6264 指定的地址单元中。

在 C51 中完成这些操作可以使用指向外部数据存储器的指针进行，程序设计如下：

```
#include <reg51.h>
#include <absacc.h>
…
ACC = XBATE[0x1066];   //外部数据 RAM 中 1066 地址单元的内容读入累加器 A
…
XBATE[0x1066] = ACC;   //累加器 A 中内容写入外部数据 RAM 中 1066 地址单元
```

7.3 并行 I/O 接口的扩展

在 80C51 系列单片机扩展方式的应用系统中，P0 口和 P2 口用来作为外部 ROM、RAM 和扩展 I/O 接口的地址线，而不能作为 I/O 接口。只有 P1 口及 P3 口的某些位线可直接用作 I/O 线。因此，单片机提供给用户的 I/O 接口线并不多，对于较为复杂的应用系统都需要进行 I/O 口的扩展。

I/O 口扩展的方法很多，按其功能可分为简单 I/O 接口和可编程 I/O 接口。

简单 I/O 接口通过数据缓冲器和锁存器来实现，其结构简单、价格便宜，但功能简单。

可编程 I/O 接口可通过可编程接口芯片来实现，电路较为复杂、价格也相对较高，但功能较强。不管是简单 I/O 接口还是可编程 I/O 接口，与其他设备一样都是与片外数据存储器统一编址，占用片外数据存储器的地址空间，通过片外数据存储器的访问方式访问。

下面对简单 I/O 接口扩展和可编程 I/O 接口扩展方法分别进行介绍。

7.3.1　并行 I/O 接口的简单扩展

在一些应用系统中，常利用 TTL 电路或 CMOS 电路进行并行数据的输入或输出。80C31 单片机将片外扩展的 I/O 接口和片外 RAM 统一编址，扩展的接口相当于扩展的片外 RAM 的单元，访问外部接口就像访问外部 RAM 一样，使用的都是 MOVX 指令，并产生读（$\overline{RD}$）或写（$\overline{WR}$）信号，用$\overline{RD}$、$\overline{WR}$作为输入/输出控制信号，如图 7.8 所示。

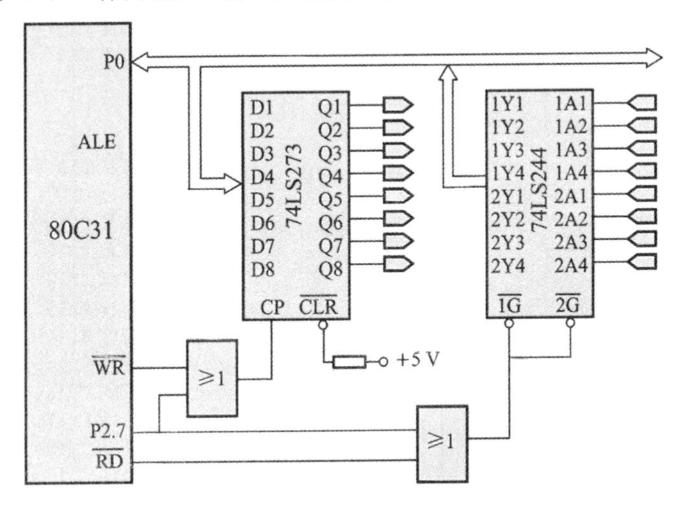

图 7.8　用 TTL 芯片扩展并行 I/O 接口

由图 7.8 可见，P0 为双向口，既能从 74LS244 输入数据，又能将数据传送给 74LS273 输出。

输入控制信号由 P2.7 和$\overline{RD}$经或门合成一负脉冲信号，将数据输入端的数据送到 74LS244 的数据输出端，并经 P0 口读入单片机。

输出控制信号由 P2.7 和$\overline{WR}$经或门合成一负脉冲信号，该负脉冲信号的上升沿（后沿）将 P0 口数据送到 74LS273 的数据输出端并锁存。

输入和输出都是在 P2.7 为低电平时有效，74LS273、74LS244 的地址都是 7FFFH，但由于分别采用$\overline{RD}$和$\overline{WR}$信号控制，不会发生冲突。如果系统中还有其他扩展 RAM，应将其地址空间区分开来。

在进行接口扩展时，如果扩展接口较多，应对其进行统一编址，避免地址冲突。同时注意总线的负载能力，如果超载需要增加总线驱动器。

7.3.2　可编程 I/O 接口的扩展（8155）

扩展并行 I/O 接口另一种常用方法是采用 I/O 接口芯片来实现扩展。I/O 接口芯片的种类很多，下面介绍常用的 Intel 公司研制的可编程多功能并行 I/O 接口芯片 8155。

1. 8155 的内部结构和引脚功能

8155 的内部结构如图 7.9 所示，内部有 A、B、C3 个 I/O 接口、256 个字节的 RAM 和 1 个 14位定时/计数器。其中 A 口和 B 口为8 位 I/O 接口，C 口为6 位 I/O 接口。8155 是 40 引脚的双列直插式芯片，采用 +5V 电源，内部带有地址锁存器，因此可以和 P0 口直接相连。

8155 的引脚如图 7.10 所示，引脚功能如下：

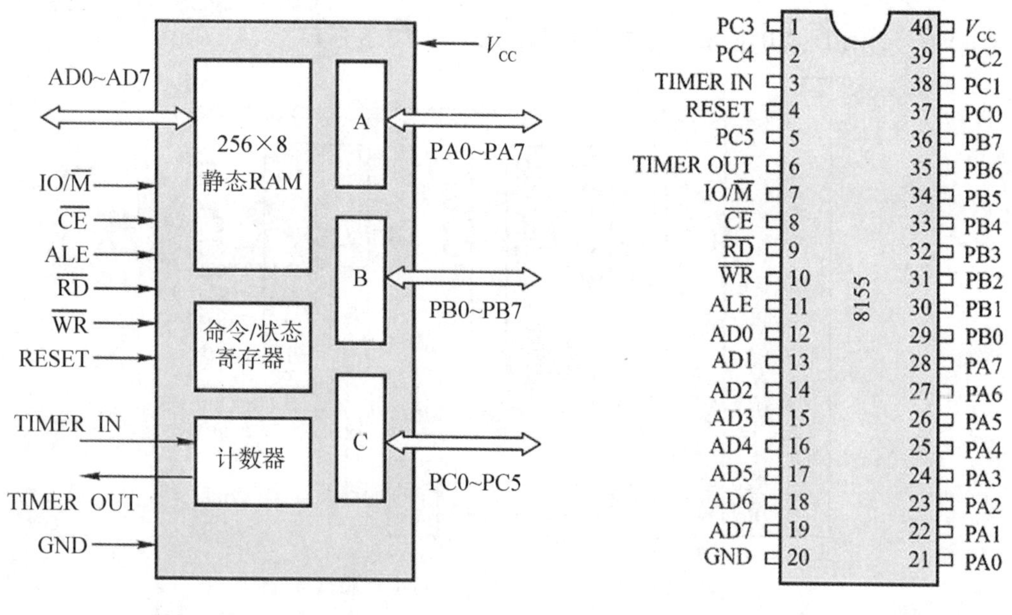

图 7.9 8155 的内部结构

图 7.10 8155 的引脚排列

AD0 ~ AD7(8 条)：三态的地址/数据总线。与单片机的低 8 位地址/数据总线(P0 口)相连。单片机与 8155 之间的地址、数据、命令与状态信息都是通过这个总线口传送的。

控制总线(8 条)：$\overline{\text{CE}}$：片选信号线，低电平有效。IO/$\overline{\text{M}}$：8155 的 RAM 存储器或 I/O 口选择线。当 IO/$\overline{\text{M}}$ =0 时，则选择 8155 的片内 RAM，AD0 ~ AD7 上地址为 8155 中 RAM 单元的地址(00H ~ FFH)；当 IO/$\overline{\text{M}}$ =1 时，选择 8155 的 I/O 口，AD0 ~ AD7 上的地址为 8155 I/O 口的地址。ALE：地址锁存允许信号，用来锁存 AD0 ~ AD7 上出现的地址信号。$\overline{\text{RD}}$：读选通信号，控制对 8155 的读操作，低电平有效。$\overline{\text{WR}}$：写选通信号，控制对 8155 的写操作，低电平有效。ALE、$\overline{\text{RD}}$、$\overline{\text{WR}}$和 RESET4 个引脚在使用时，只需和 MCS - 51 芯片的同名信号直接相连即可。T/IN：定时/计数器脉冲输入端。$\overline{\text{T/OUT}}$：定时/计数器输出端。

I/O 总线(22 条)：PA0 ~ PA7 为通用 I/O 线，用于传送 A 口上的外设数据。PB0 ~ PB7 为通用 I/O 线，用于传送 B 口上的外设数据。PC0 ~ PC5：有两个作用，既可作为通用的 I/O 口，也可作为 PA 口和 PB 口的控制信号线，这些可通过程序控制。

电源线(2 条)：VCC：+5V 电源输入线，GND 为接地线。

2. 8155 的命令/状态寄存器及 I/O 接口的工作方式

8155 内部归属于 I/O 的有 7 个寄存器，分别是命令寄存器、状态寄存器、A 口寄存器、B 口寄存器、C 口寄存器、计数器低 8 位寄存器和计数器高 8 位寄存器。当 $IO/\overline{M}=1$ 时，8155 的 AD0～AD7 输入的是 I/O 的地址。I/O 接口的地址分配如表 7.5 所示。

表 7.5　8155 的 I/O 接口地址分配表

$\overline{CE}$	$IO/\overline{M}$	A7～A3	A2	A1	A0	所选端口
0	1	×…×	0	0	0	命令/状态寄存器
0	1	×…×	0	0	1	A 口
0	1	×…×	0	1	0	B 口
0	1	×…×	0	1	1	C 口
0	1	×…×	1	0	0	计数器低 8 位
0	1	×…×	1	0	1	计数器高 8 位

8155 I/O 接口的工作方式是由内部的命令寄存器控制的。8155 的命令寄存器各位的定义如下：

7	6	5	4	3	2	1	0
TM2	TM1	IEB	IEA	PC2	PC1	PB	PA

PA：A 口数据传送方向设置位。0：输入；1：输出。

PB：B 口数据传送方向设置位。0：输入；1：输出。

PC1、PC2：C 口工作方式设置位。如表 7.6 所示。

表 7.6　C 口工作方式

PC2 PC1	工作方式	说明
0　0	ALT1	A、B 口为基本 I/O，C 口方向为输入
1　1	ALT2	A、B 口为基本 I/O，C 口方向为输出
0　1	ALT3	A 口为选通 I/O，PC0～PC2 作为 A 口的选通应答 01 ALT3 B 口为基本 I/O，PC3～PC5 方向为输出
1　0	ALT4	A 口为选通 I/O，PC0～PC2 作为 A 口的选通应答 10 ALT4 B 口为选通 I/O，PC3～PC5 作为 B 口的选通应答

IEA：A 口的中断允许设置位。0：禁止；1：允许。

IEB：B 口的中断允许设置位。0：禁止；1：允许。

TM2、TM1：计数器工作方式设置位。如表 7.7 所示。

表 7.7 定时/计数器命令字

TM2 TM1	工作方式	说明
0 0	方式 0	空操作,对计数器无影响
0 1	方式 1	使计数器停止计数
1 0	方式 2	减 1 计数器回 0 后停止工作
1 1	方式 3	未计数时,送完初值及方式后立即启动计数; 正在计数时,重置初值后,减 1 计数器回 0 则按新计数初值计数

8155 的状态寄存器由 8 位锁存器组成,其最高位为任意值。通过读 C/S 寄存器的操作(即用输入指令),读出的是状态寄存器的内容。8155 的状态字格式为:

7	6	5	4	3	2	1	0
	TIMER	INTEB	BFB	INTRB	INTEA	BFA	INTRA

INTRX:中断请求标志。此处 X 表示 A 或 B。INTRX =1,表示 A 或 B 口有中断请求;INTRX =0,表示 A 或 B 口无中断请求。

BFX:口缓冲器空/满标志。BFX =1,表示口缓冲器已装满数据,可由外设或单片机取走;BFX =0,表示口缓冲器为空,可以接受外设或单片机发送数据。

INTEX:口中断允许/禁止标志。INTEX =1,表示允许口中断;INTEX =0,表示禁止口中断。

以上的 6 个状态中,表明 A 和 B 口处于选通工作方式时才具有的工作状态。

TIMER:计数器计满标志。TIMER =1,表示计数器的原计数初值已计满回零;TIMER =0,表示计数器尚未计满。

3. 8155 内部的 RAM

8155 内部集成了 256 个单元的静态 RAM,当 $IO/\overline{M}$ =0 时,8155 的 AD0 ~ AD7 输入的是 RAM 的地址;当 $IO/\overline{M}$ =1,8155 的 AD0 ~ AD7 输入的是 I/O 的地址。在 $\overline{CE}$ =0 时和 $IO/\overline{M}$ =0 时,CPU 可以对任意一个 RAM 单元进行读/写,读/写控制信号分别是 $\overline{RD}$ 和 $\overline{WR}$。

4. 8155 内部定时/计数器

8155 的计数器是一个 14 位的减法计数器,它能对输入的脉冲进行计数,在到达最后一个计数值时,输出一个矩形波或脉冲。

要对计数的过程进行控制,必须首先装入计数长度。由于计数长度为 14 位,而每次装入的长度只能是 8 位,故必须分两次装入。装入计数长度寄存器的值为 2H ~ 3FFFH。15、14 两位用于规定计数器的输出方式。计数器寄存器的格式为:

15	14	13	12	11	10	9	8	7	6	5	4	3	2	1	0
M2	M1	T13	T12	T11	T10	T9	T8	T7	T6	T5	T4	T3	T2	T1	T0

最高两位(M2、M1)定义计数器输出方式,如表 7.8 所示。

表 7.8 计数器输出方式

M2 M1	输出方式	说 明
0 0	方式 0	电平输出。计数期间为低电平,计数器回 0 后输出高电平
0 1	方式 1	方波输出。计数长度前半部分输出高电平,后半部分输出低电平
1 0	方式 2	单脉冲输出。计数器回 0 后输出一个单脉冲
1 1	方式 3	连续脉冲输出(计数值自动重装)。计数器回 0 后输出单脉冲,又自动向计数器重装原计数值,回 0 后又输出单脉冲,如此循环

需要指出的是,硬件复位信号 RESET 的到达,会使计数器停止工作,直至由 C/S 寄存器再发出启动计数器命令。

5. 选通 I/O 的组态

对 8155 命令字的 PC2 、 PC1 位编程,使 A 口或 B 口工作在选通方式时,C 口的 PC0 ~ PC5 就被定义为 A 口或 B 口选通 I/O 方式的应答和控制线。功能如表 7.9 所示。

表 7.9 C 口的控制分配表

工作方式	PC5	PC4	PC3	PC2	PC1	PC0
ALT1	输入					
ALT2	输出					
ALT3	输出			$\overline{STBA}$	BFA	INTRA
ALT4	$\overline{STBB}$	BFB	INTRB	$\overline{STBA}$	BFA	INTRA

选通方式的组态逻辑如图 7.11 所示。

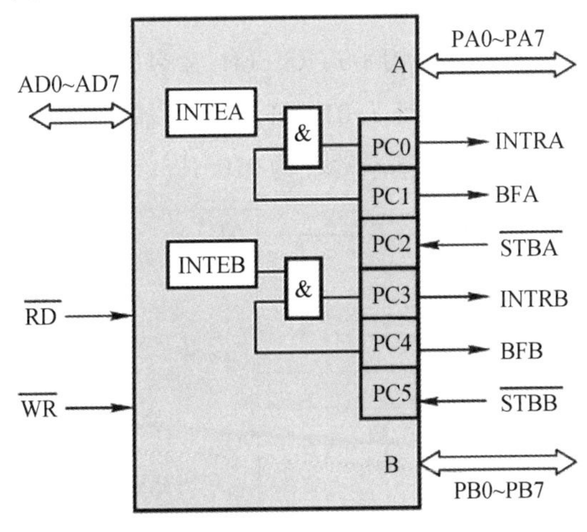

图 7.11 8155 选通方式的组态

6. 采用 8155 扩展并行 I/O 接口

8155 与 MCS－51 的连接同样遵循三总线相连的原则。由于 8155 内部有地址锁存器,所以单片机的 P0.0－P0.7 可以直接与 8155 的 AD0－AD7 连接,其余的各输入控制线都与单片机的同名输出控制线相连即可。根据$\overline{CE}$和 IO/$\overline{M}$的接法,8155 的连接方式可分为译码法和线选法,这与前面介绍的存储器的扩展方法基本相同。

在$\overline{CE}$ = 0、IO/$\overline{M}$ = 0 时,CPU 可以操作 8155 内部集成的 RAM 单元,与操作普通的静态 RAM 完全一样,单元地址由 AD0 - AD7 选择,$\overline{RD}$和$\overline{WR}$为读写控制信号。在$\overline{CE}$ = 0、IO/$\overline{M}$ = 1 时,8155 的 I/O 单元被选中,I/O 单元在使用前需要先设置工作方式,即进行 I/O 的初始化,通过命令寄存器的内容设置使 A 口、B 口和 C 口按照所要求的方式工作。

下面介绍采用线选法扩展并行 I/O 接口。在单片机应用系统中,可以使用一些高位地址线直接与 8155 的$\overline{CE}$和 IO/$\overline{M}$连接,这就是 8155 的线选连接法。图 7.12 所示为用线选连接法扩展的 8155 芯片。8031 的 P2.7 接 8155 的$\overline{CE}$信号,P2.0 接 8155 的 IO/$\overline{M}$选择线,这样扩展的 8155 的内部 RAM 地址和 I/O 单元的地址分析如下:

A15	A14	A13	A12	A11	A10	A9	A8	A7	A6	A5	A4	A3	A2	A1	A0	
0	×	×	×	×	×	×	0	0	0	0	0	0	0	0	0	RAM 最低单元地址
0	×	×	×	×	×	×	0	1	1	1	1	1	1	1	1	RAM 最高单元地址
0	×	×	×	×	×	×	1	×	×	×	×	×	0	0	0	命令寄存器地址
0	×	×	×	×	×	×	1	×	×	×	×	×	0	0	1	A 口地址
0	×	×	×	×	×	×	1	×	×	×	×	×	0	1	0	B 口地址
0	×	×	×	×	×	×	1	×	×	×	×	×	0	1	1	C 口地址
0	×	×	×	×	×	×	1	×	×	×	×	×	1	0	0	计数器低 8 位
0	×	×	×	×	×	×	1	×	×	×	×	×	1	0	1	计数器高 8 位

8155 内部的 RAM 的基本地址为 0000 - 00FFH,命令寄存器的基本地址为 0100H,A 口的基本地址为 0101H,B 口的基本地址为 0102H,C 口的基本地址为 0103H。计数器低 8 位寄存器的基本地址为 0104H,高 8 位基本地址为 0105H。

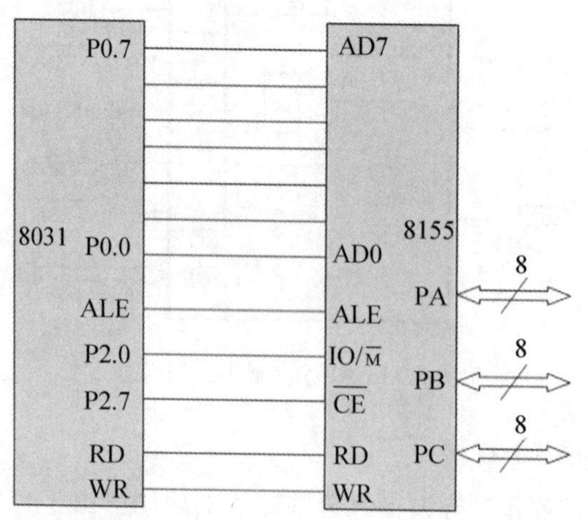

图 7.12 用线选连接法扩展的 8155 芯片

在需要同时扩展 RAM 和 I/O 口及计数器的应用系统中选用 8155 是比较经济的。8155 的 SRAM 可以作为数据缓冲器，8155 的 I/O 口可以外接打印机、A/D、D/A、键盘等控制信号的输入输出，8155 的定时器可以作为分频器或定时器。

7.4 D/A 转换与 DAC0832 应用

单片机常用于检测与控制领域，测控现场存在大量的模拟量，如温度、压力和转速等，这些属于非电量模拟量，可采用传感器转换为电量，如电压、电流，但电压、电流仍然是模拟量，在时间和幅值上都是连续的，而计算机只能接收和处理数字量，所以需要转换为数字量，完成模拟量到数字量转换的器件称为模数转换器（A/D 转换器），另一方面，计算机输出的运算控制结果属于数字量，有些场合需要转换成模拟量再输出，实现数字量到模拟量转换的器件称为数模转换器（D/A 转换器）。

D/A 转换器（Digital to Analog Converter）是一种能把数字量转换为模拟量的电子器件（简称为 DAC）。A/D 转换器（Analog to Digital Converter）则相反，它能把模拟量转换成相应的数字量（简称为 ADC）。在单片机测控系统中经常要用到 DAC 和 ADC，它们的功能及其在实时控制系统中的地位如图 7.13 所示。

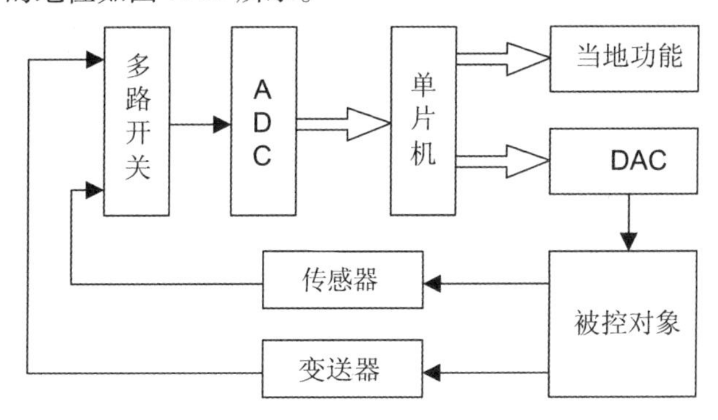

图 7.13　单片机和被控制对象间的接口示意图

图 7.13 中，被控对象的过程信号由变送器或传感器变换成相应的模拟量，然后经多路开关汇集给 ADC，转换后的数字量再送给单片机。单片机进行运算和处理，结果可有两种输出形式：通过 DAC 变换成模拟量对被控对象进行调整，如此往复，以实现目标控制要求；通过人机交互单元（如打印、显示等）报告当前状态（当地功能）。

由此可见，ADC 和 DAC 是单片机和被控对象之间连接的桥梁，在测控系统中占有重要的地位。由于 A/D 转换需要用到 D/A 转换的原理，因此下面先介绍 D/A，然后再介绍 A/D，再以最具代表性的 8 位 D/A 转换集成芯片 DAC0832 为例，介绍其工作原理及单片机接口方法。

7.4.1 DAC0832 的工作原理

D/A 转换的基本功能是将一个用二进制数表示的数字量转换为相应的模拟电量。DAC0832 实现这种转换的基本方法是:使二进制数的每 1 位产生一个正比于其权值大小的支路电流,支路电流的总和即为电流形式的 D/A 转换结果。图 7.14 是一种利用 T 形电阻网络实现的 8 位 D/A 转换原理示意图。

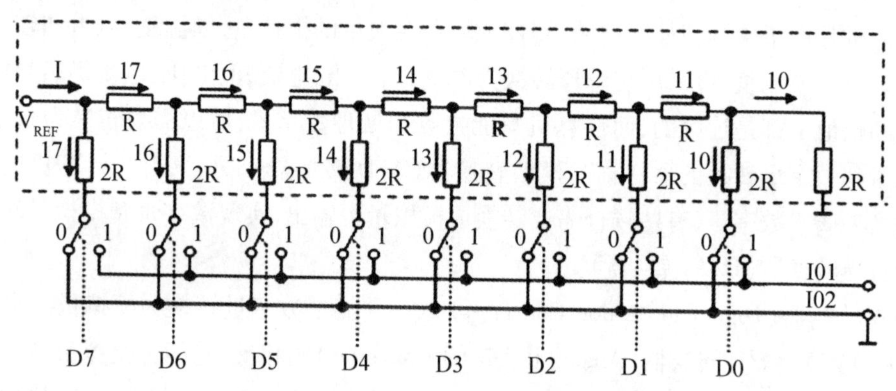

图 7.14　T 形电阻网络 D/A 转换原理图

图 7.14 中,虚线框是由 R－2R 组成的电阻网络,无论从那个 R－2R 节点来看,其等效电阻都是 R。因此从参考电压 V_{REF} 端形成的总电流为:

$$I = \frac{V_{REF}}{R}$$

支路电流与其所在的支路位置有关,具体大小为:

$$I_i = \frac{I}{2^{n-i}}$$

式中 $n = 8, i = 0 \sim 7$。

由 D0 ~ D7 口输入的数字量相当于支路的逻辑开关。若某位的值为 0,相应的支路电流将流向电流输出端 I_{02}(内部接地)。反之若某位数值为 1,相应的支路电流将流向电流输出端 I_{01}。显然,I_{01} 中的总电流与“逻辑开关”为 1 的各支路电流的总和成正比,即与 D0 ~ D7 口输入的二进制数成正比。其简单推导过程为:

$$I_{01} = \sum_{i=0}^{n-1} D_i I_i = \sum_{i=0}^{n-1} D_i \frac{I}{2^{n-i}} = \sum_{i=0}^{n-1} D_i \frac{V_{REF}}{R \cdot 2^{n-i}}$$

$$= (D_7 \cdot 2^7 + D_6 \cdot 2^6 + \cdots + D_1 \cdot 2^1 + D_0 \cdot 2^0) \frac{V_{REF}}{256 \cdot R} = B \cdot \frac{V_{REF}}{256 \cdot R}$$

可见,DAC0832 是电流输出型,转换结果取决于参考电压 V_{REF}、待转换的数字量 B 和电阻网络 R。若在此基础上外接运算放大器,可将输出电流 I_{01} 转换为输出电压 V_0。DAC0832 的电压转换原理如图 7.15 所示。

由图 7.15 可见,采用反向运算放大后,输出电压为:

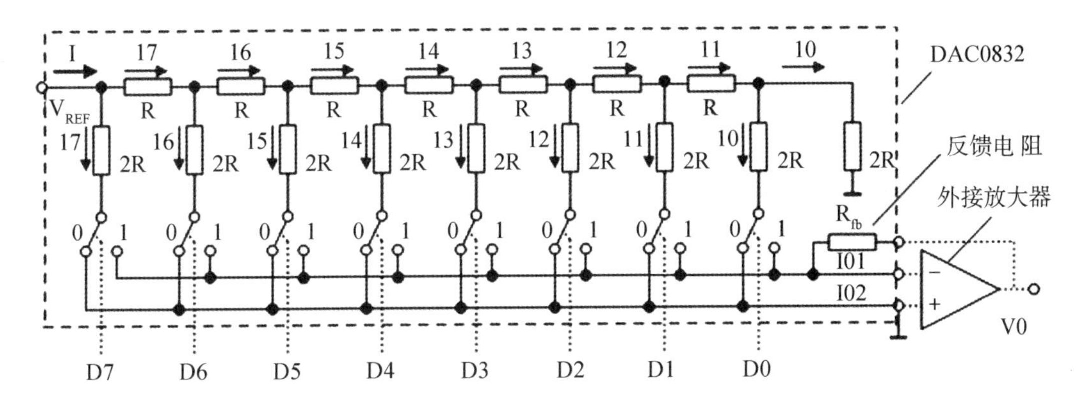

图 7.15　DAC0832 的电压转换原理

$$V_0 = -I_{01}R_{fb} = -B \cdot \frac{V_{REF}}{256 \cdot R}R = -B \cdot \frac{V_{REF}}{256}$$

这表明，将反馈电阻 R_{fb} 取值为 R，转换电压将正比于 V_{REF} 和 B（与 R 无关）。输入数字量 B 为 0 时，V_0 也为 0；输入数字量为 0xff 时，V_0 为最大负值。图中虚线框内为 DAC0832 的组成，R_{fb} 已集成在片内。

D/A 转换器的主要技术指标如下：

1. 分辨率

分辨率用以反映 D/A 转换器对输入量变化的灵敏程度。通常定义为当输入数字量发生单位数码变化时，所对应的输出模拟量的变化量，即等于模拟量输出的满量程值/2^n（n 为数字量的位数）。实际应用中更多地用输入数字量的位数 n 来表示，如 8 位、10 位、12 位等。对于 n 位 D/A 转换器，则其分辨率为 n，它能对满刻度的 2^{-n} 输入做出反应。

2. 转换精度

转换精度是指一个实际的 D/A 转换器与理想的 D/A 转换器相比较的转换误差。通常可分为绝对精度和相对精度。

绝对精度是指对应于给定的满刻度数字量，D/A 转换器实际输出值与理论值之间的误差。D/A 转换器实际输出值与理论值之间的误差。它是由 D/A 转换器增益误差、零点误差、线性误差等引起的。

相对精度是指在满刻度输入校准的情况下，对应于任意数码的模拟量输出值与理论值之间的误差。相对精度的偏差值，通常用数字量最低有效位 LSB 的位数来表示。

3. 稳定时间

稳定时间是描述 D/A 转换速度快慢的重要参数，指输入数字量变化后，输出模拟量稳定到相应精度范围内所经历的时间。

4. 非线性误差

非线性误差指实际转换曲线与理想特性曲线之间的最大偏差。通常用相对于满量程的百分比或 LSB 的位数来表示，一般要求非线性误差不大于 ±2LSB。

5. 温度系数

温度系数指标是反映在规定的温度范围内(一般为 -45 ~ +85℃),温度每变化 1℃时,相对精度等技术参数的变化量。

7.4.2 DAC0832 与单片机的接口及编程

DAC0832 是采用 CMOS 工艺制成的 20 引脚双列直插式 8 位 DAC,工作电压为 +5V ~ +15V,参考电压为 -10V ~ +10V。其内部结构如图 7.16 所示:

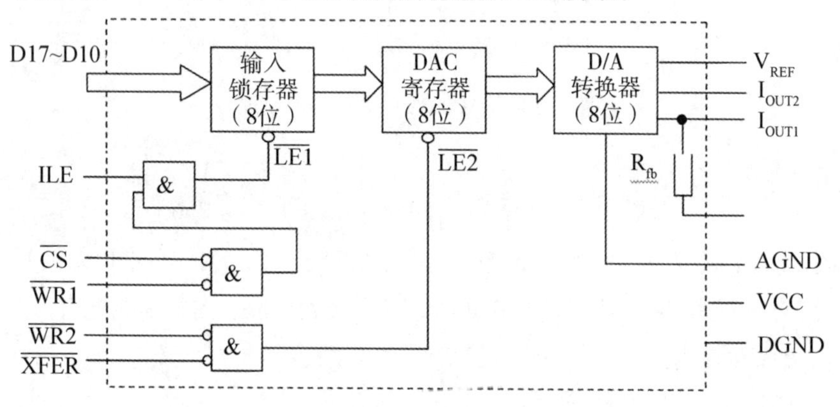

图 7.16 DAC0832 内部结构

图 7.16 中虚线框内为 DAC0832 的主要结构,虚线框外线条代表 DAC0832 的引脚。由图可知,DAC0832 由一个 8 位输入锁存器、一个 8 位 DAC 寄存器和一个 8 位 D/A 转换器构成。输入锁存器可以存放由数字信号输入端 D0 ~ D7 送来的数字量,锁存由$\overline{LE1}$控制;DAC 寄存器可以存放输入锁存器输出的数字量,锁存由$\overline{LE2}$控制;D/A 转换器则用于实现数字量向模拟量的转换。

输入锁存器和 DAC 寄存器由 5 个外部引脚控制,其中 ILE、$\overline{CS}$和$\overline{WR1}$共同决定$\overline{LE1}$的状态,$\overline{WR2}$和$\overline{XFER}$共同决定$\overline{LE2}$的状态。当 ILE = 1,$\overline{CS}$ = 0,$\overline{WR1}$ = 0 时,输入锁存器锁存 D0 ~ D7 的输入信号;当$\overline{WR2}$ = 0,$\overline{XFER}$ = 0 时,DAC 寄存器锁存输入锁存器的输出信号。

采用输入锁存器和 DAC 寄存器二级锁存可增强信号处理的灵活度,可使用户根据实际需要选择直通、单缓冲和双缓冲 3 种工作方式。下面介绍直通与单缓冲方式。

1. 直通方式

直通方式时所有 4 个控制端都接低电平,ILE 接高电平。数据量一旦由 D0 ~ D7 输入,就可通过输入锁存器和 DAC 寄存器直接到达 D/A 转换器。直通方式时,通常采用 I/O 口方式接线,连接方式如图 7.17 所示。

【实例 1】根据上图电路,编程实现由 DAC0832 输出一路正弦波的功能。

参考程序如下:

```
#include <reg51.h>
```

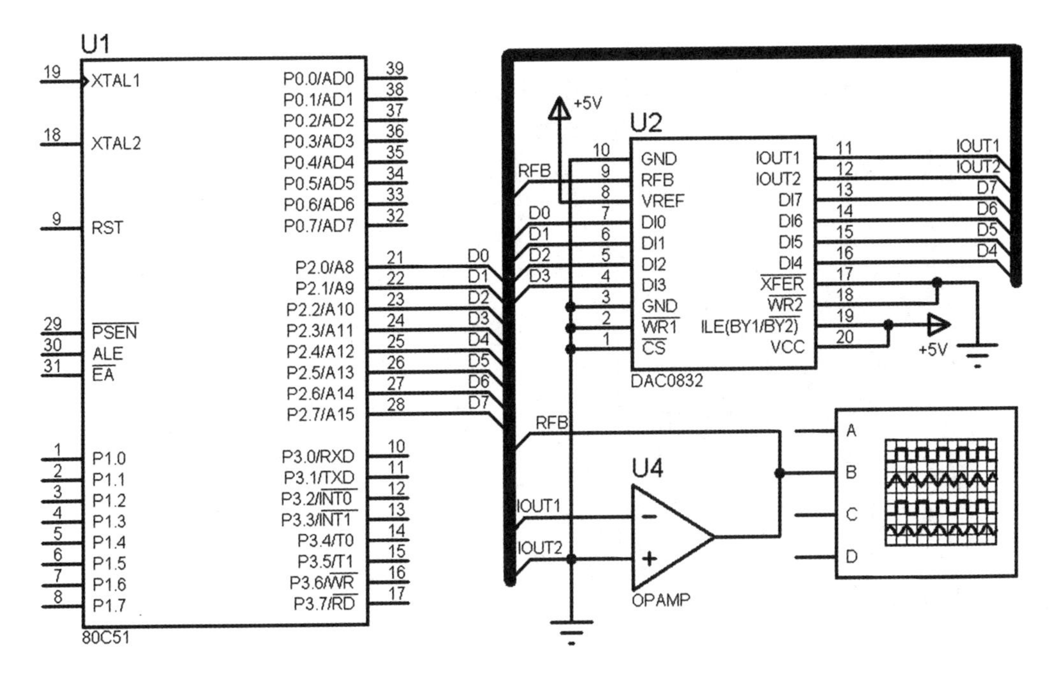

图 7.17　DAC0832 直通方式接口

```
#include <math.h>
#define  PI  3.1415
unsigned int num;
void main()
{
  while (1)
    {
    for (num =0;num <360;num ++)
      P2 =127 +127 * sin((float)num/180 * PI);
    }
  }
```

程序运行波形图如图 7.18 所示。由于运算放大器的反向输出原因，图中的电压波形与 D/A 转换的电流波形是相反的。

2. 单缓冲方式

单缓冲方式是指 DAC0832 内部的输入锁存器和 DAC 寄存器有一个处于直通方式，另一个处于受 MCS－51 控制的锁存方式。在实际使用时，如果只有一路模拟量输出，或者虽有多路模拟量输出但并不要求多路输出同步的情况下，就可采用单缓冲方式。

【实例 2】采用如图 7.19 所示的 DAC0832 单缓冲方式的电路，编程实现一路三角波发生器的功能。

由图 7.19 可见，由于$\overline{WR2}$和$\overline{XFER}$接地，故 DAC 寄存器处于直通方式，ILE 接 VCC，$\overline{CS}$接

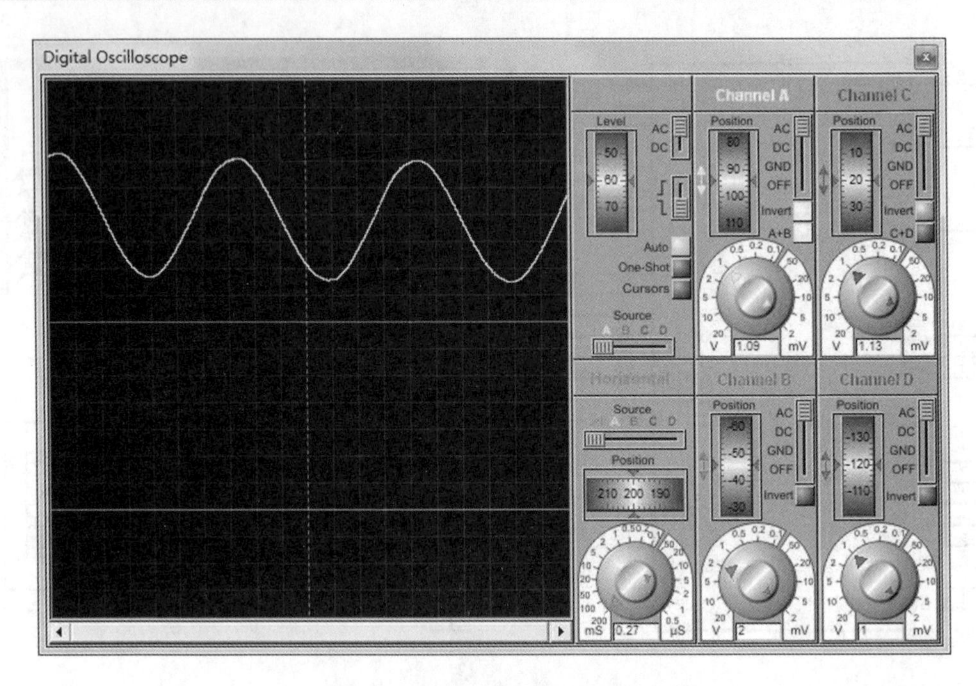

图 7.18　实例 1 程序运行波形图

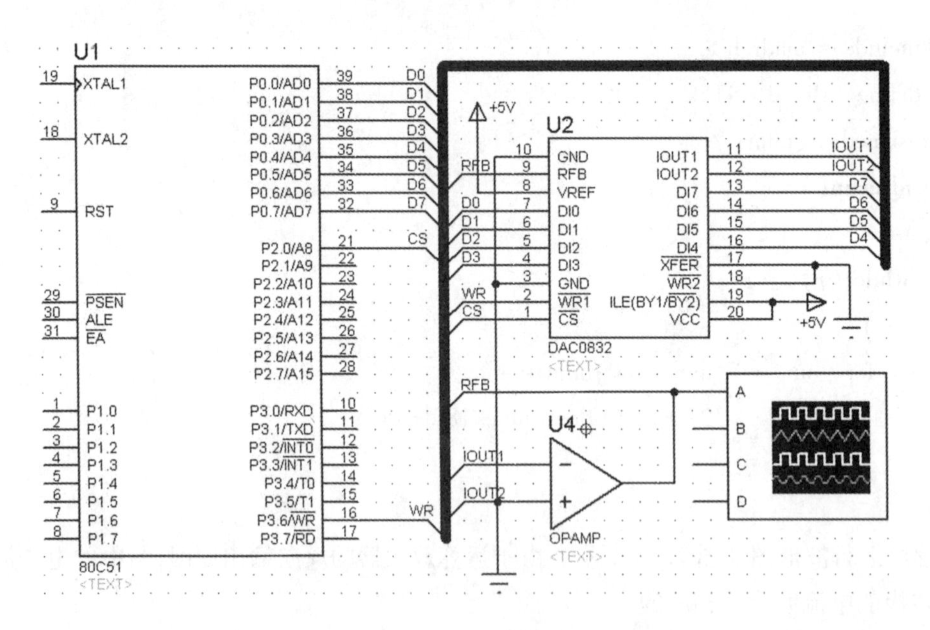

图 7.19　实例 2 电路原理图

单片机 P2.0(地址为 0Xfeff)，$\overline{WR1}$接单片机$\overline{WR}$引脚，故输入寄存器处于受控状态，整个 DAC0832 处于单缓冲工作方式。如需产生锯齿波形，只要在定时循环体中使数字量按线性增加的规律输出即可。

参考程序如下：

```
#include <absacc.h>
```

```
#define  DAC0832  XBYTE[0Xfeff]          //设置 DAC0832 的访问地址
unsigned char num;
void main()
  {
  while (1)
    {
    for (num = 0; num < 255; num ++)     //上升段波形
        DAC0832 = num;
    for (num = 255; num > 0; num --)     //下降段波形
        DAC0832 = num;                   //DAC0832 转换输出
    }
  }
```

程序运行波形图如图7.20所示。

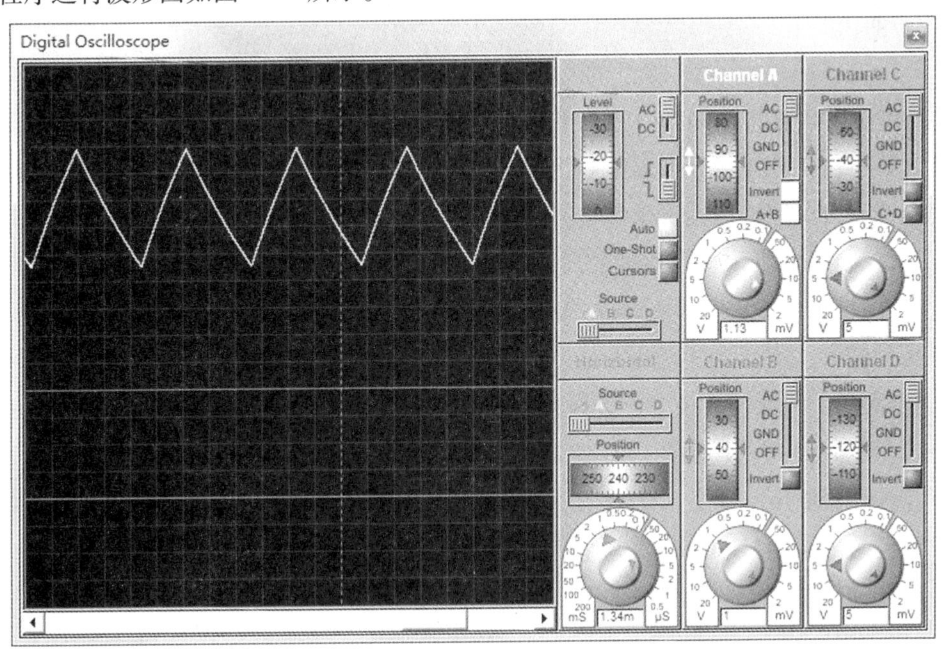

图7.20 实例2程序运行波形图

7.5 A/D 转换与 ADC0809 应用

A/D 转换常用技术有:逐次逼近式 A/D 转换、双积分式 A/D 转换并行 A/D 转换、串并行 A/D 转换及 V/F 变换等。这些转换方式的主要区别是速度、精度和价格,一般而言速度越快、精度越高则价格也较高,逐次逼近式 A/D 转换兼顾了转换速度和精度,是目前应用最多的一种。下面将对逐次逼近式 A/D 转换中的 ADC0809 芯片的工作原理和接口应用进行介绍。

7.5.1 逐次逼近式模数转换器的工作原理

逐次逼近式 A/D 转换器由电压比较器、D/A 转换器、控制逻辑电路、N 位寄存器和锁存缓冲器组成，工作原理如图 7.21 所示。

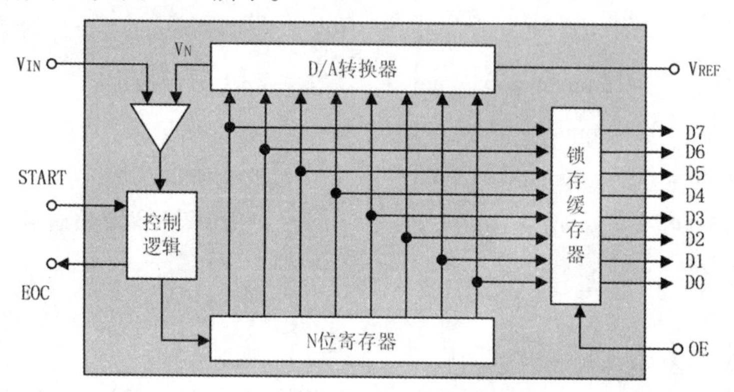

图 7.21 逐次逼近式 ADC 工作原理图

逐次逼近的转换方法是用一系列的基准电压同输入电压比较，以逐位确定转换后数据的各位是 1 还是 0，确定次序是从高位到低位进行。当模拟量输入信号(VX)送入比较器后，启动信号(START)通过控制逻辑启动 A/D 转换。

首先，控制逻辑使 N 位寄存器最高位(Dn－1)置 1，其余位清 0，经 D/A 转换后得到大小为 $1/2V_{REF}$的模拟电压 VN。将 VN 与 VX 比较，若 VX≥VN，则保留 Dn－1＝1；若 VX＜VN，则 Dn－1 位清 0。随后控制逻辑使 N 位寄存器次高位 Dn－2 置 1，经 D /A 转换后再与 VX 比较，确定次高位的取值。重复上述过程，直到确定出 D0 位为止，控制逻辑发出转换结束信号(EOC)。此时 N 位寄存器的内容就是 A/D 转换后的数字量数据，在锁存信号(OE)控制下由锁存缓存器输出。整个 A/D 转换过程类似于用砝码在天平上称物体的重量，是一个逐次比较逼近的过程。ADC0809 就是采用这一工作原理的 A/D 转换芯片。

A/D 转换器的主要技术指标如下：

1. 分辨率

分辨率是指 A/D 转换器对于输入模拟量变化的灵敏度。通常用数字量的位数来表示，加 8 位、10 位、12 位等。若分辨率为 8 位，则表示它可对满量程的 1/256 的变化量做出反应。分辨率越高，对模拟量输入的微小变化反应越灵敏。

2. 量程

量程是指 A/D 转换器所能转换的电压范围，如 0～5V，0～10V 等。

3. 转换精度

转换精度可表示成绝对精度和相对精度两种形式。

绝对精度指对应于一个给定的数字量的实际摸拟量输入与理论的模拟量输入的差值，

常用数字量的位数表示绝对误差，如绝对误差为 ±1/2LSB（最低有效应）；相对精度指在整个转换范围内任一数字量所对应的摸拟量实际值与理论之差，用百分比来表示满量程时的相对精度，如 ±0.05%。注意：精度和分辨率是两个不同的概念，分辨率高的 A/D 转换器可能由于受温度漂移、线性不良等原因而导致精度不高。精度又可用分项误差形式给出，常用的分项误差有线性误差、零点误差、满量程误差、微分线性误差。

线性误差：也称非线性误差或线性度，指 A/D 转换器实际输入特性曲线与理论输出特性的偏差。

零点误差：也称失调误差，指引起数字量输出由 0～1 所需要的输入电压与理论值的偏差。

满量程误差：也称增益误差，指满量程输出数值所对应的实际输入电压与理想值的偏差。

微分线性误差：也称微分非线性误差，指任意两个相邻数码对应的摸拟量的间隔值与理论间隔值的偏差。

4. 转换速度

转换速度指完成一次 A/D 转换所需要的时间。

7.5.2 ADC0809 与单片机的接口及编程

ADC0809 为双列直插式 28 引脚芯片，是一种具有 8 路模拟量输入的 8 位逐次逼近式 A/D 转换器，采用 CMOS 制造工艺，在目前单片机测控系统中使用广泛。

ADC0809 芯片的内部结构如图 7.22 所示。ADC0809 采用单一 +5V 电源供电，片内带有锁存功能的 8 路模拟多路开关，可对 8 路 0～5V 的输入摸拟电压信号进行输入，并共用一个 A/D 转换器进行转换。

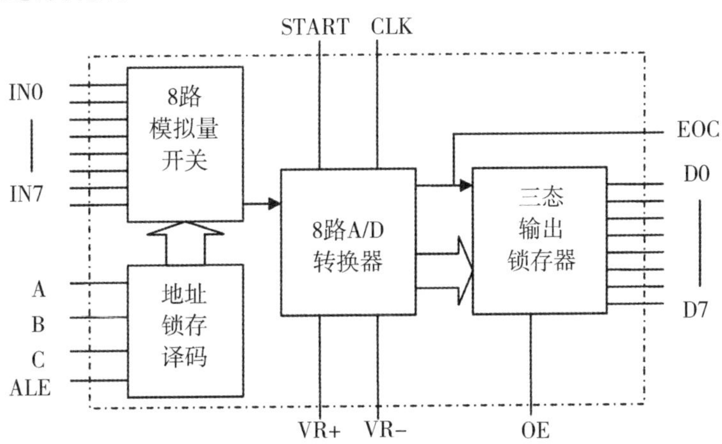

图 7.22 ADC0809 内部结构

ADC 内部由 8 路模拟量开关、通道地址锁存译码器、8 位 A/D 转换器和三态数据输出锁存器组成。其中 IN0～IN7 为 8 路模拟量输入端，可以分别连接 8 路单端模拟电压信号。由于芯片内部只有一个 8 位的 A/D 转换器,因此输入的 8 路信号只能由通道地址锁存译码器分时选通。ADDA、ADDB、ADDC 为通道选通端,ALE 为选通控制信号。当 ALE 有效时,3 个选通信号的不同电平组合可选择不同的通道。例如,当 ADDA、ADDB、ADDC 端口的电平为 000 时,IN0 通道选通;为 001 时,IN1 通道选通。其余类推。

数据转换过程需要在外部工作时钟的控制下进行, 因此 CLK 端应接入适当的时钟源。

ADC0809 工作控制逻辑(时序图)如图 7.23 所示,由图可见:

通道选通数据 ADDA、ADDB、ADDC,选通控制信号 ALE 和模拟信号 IN 出现后,START 正脉冲信号可启动 A/D 转换过程。

A/D 转换启动后,EOC 自动从高电平变为低电平。A/D 转换期间,EOC 始终保持低电平。转换结束后,EOC 自动从低电平变成高电平。

EOC 为高电平后,若使 OE 为高电平,转换结果 data 便可锁存到 D0 ~ D7 上。CPU 读取转换数据后,再使 OE 变为低电平,一次 A/D 转换过程结束。

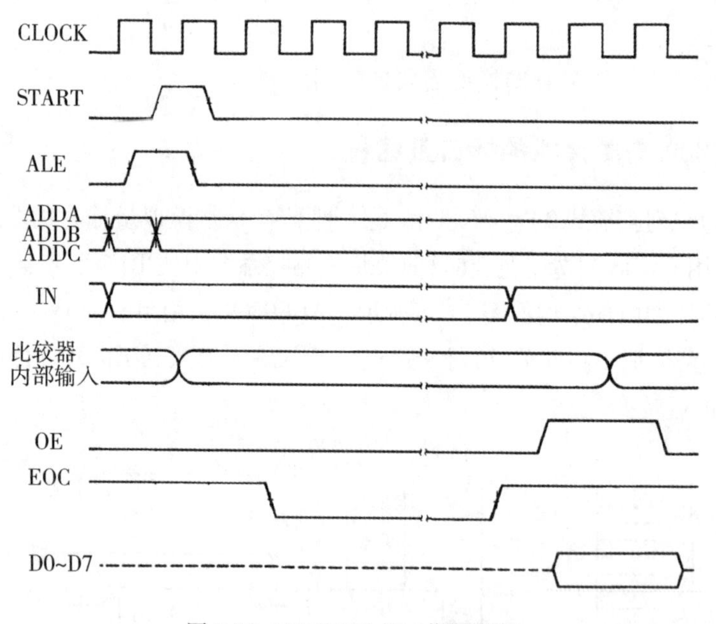

图 7.23　ADC0809 的工作时序图

【实例 3】根据图 7.24 所示的 ADC0809 数据采集电路,将由 IN7 通道输入的模拟量信号进行 A/D 转换,结果以十六进制数形式进行显示。设 ADC0809 芯片的工作时钟由虚拟信号发生器提供,频率为 5 kHz。

解:电路分析如下;

由于 Proteus 中 ADC0809 的模型不可仿真,只能用 ADC0808 代换(性能相同)。

由于选通端 ADDA、ADDB、ADDC 是经 74LS373 接 P0.0、P0.1、P0.2,故通道 IN7 的低 8 位地址为 xxxx x111B。START 和 AIE 信号由 P0.2 和 $\overline{WR}$ 经或非门 U5:A 合成;OE 信号由

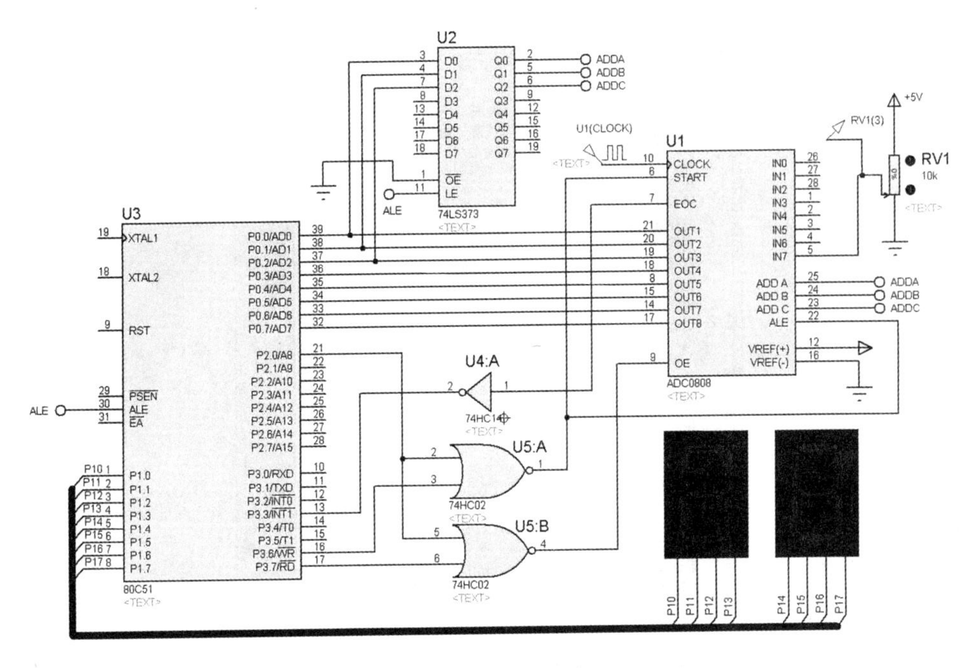

图 7.24　实例 3 电路原理图

P2.0 和$\overline{RD}$经或非门 U5:B 合成，操作这些信号的高 8 位地址应为 xxxx xxx0B。于是，为选通通道 IN7 且启动 A/D 转换，可执行一条向地址 xxxx xxx0 xxxx x111B 写数的命令（形成 START 和 ALE 正脉冲）。而为读取 A/D 转换结果，可执行一条由地址 0Xfeff 读数的命令（形成 OE 正脉冲）。A/D 转换结束时，EOC 引脚将出现负脉冲，经非门 U4:A 送到 P3.3（$\overline{INT1}$），可作为读取 A/D 转换数据的中断请求信号或查询电平。图中采用 BCD 数码管，可将十六进制数直接输入显示。

双击图 7.24 中的虚拟信号发生器 U1CLOCK，在弹出的设置窗口中将工作时钟频率改为“5k”，如图 7.25 所示。

参考程序如下：

```
#include <reg51.h>
#include <absacc.h>
#define  AD_IN7    XBYTE[0Xfeff]              // IN7 通道访问地址
sbit ad_busy = P3^3;                          // A/D 转换结束标志定义
void main()
  {
  while (1)
    {
    AD_IN7 = 0;                               //启动 IN7 通道 A/D 转换
    while (ad_busy == 1);                     //等待 A/D 转换结束
    P1 = AD_IN7;                              //转换数据显示
```

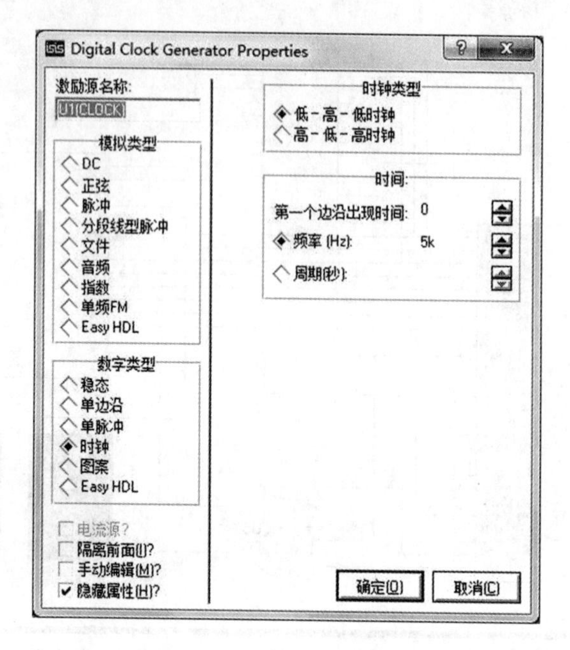

图 7.25　工作时钟设置窗口

}

}

实例 3 程序运行效果如图 7.26 所示。

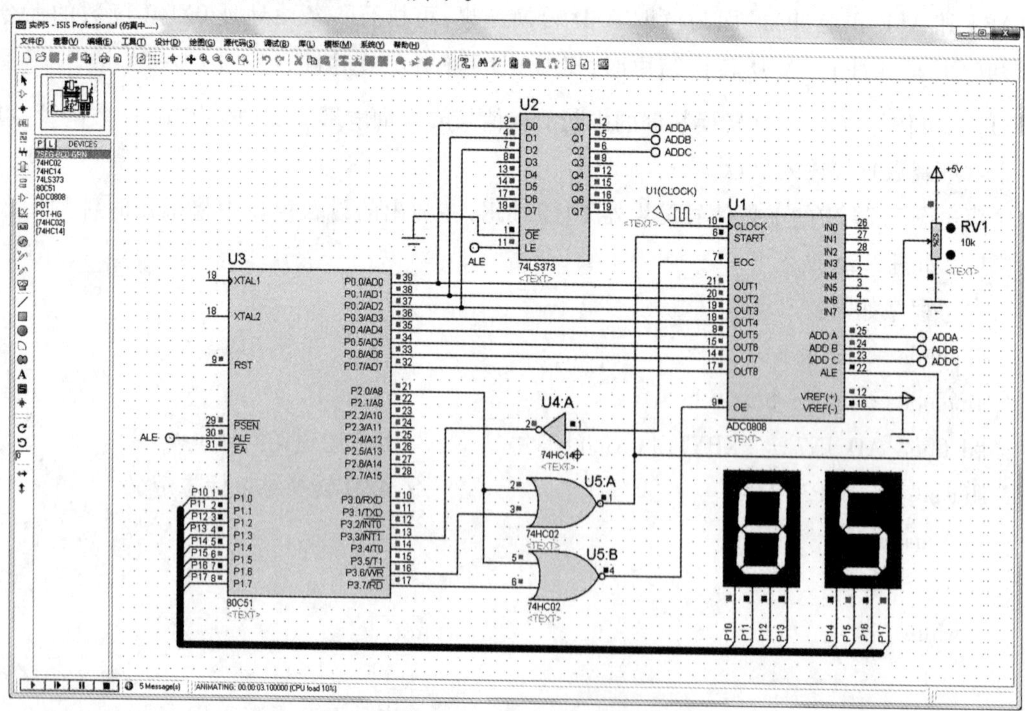

图 7.26　实例 3 程序运行效果图

任务七　可编程接口芯片 8255 的应用设计

前面对可编程接口芯片 8155 的引脚、命令/状态寄存器以及工作方式进行了介绍，下面为大家介绍一个可编程接口芯片 8155 的应用。图 7.27 电路用 8155 的 PA 与 PB 端口控制数码管显示，PC 端口连接按键，演示了 8155 控制数码管显示，通过按键调整初值、启/停 8155 定时器，用定时器中断触发蜂鸣器并写 8155 内存等程序。

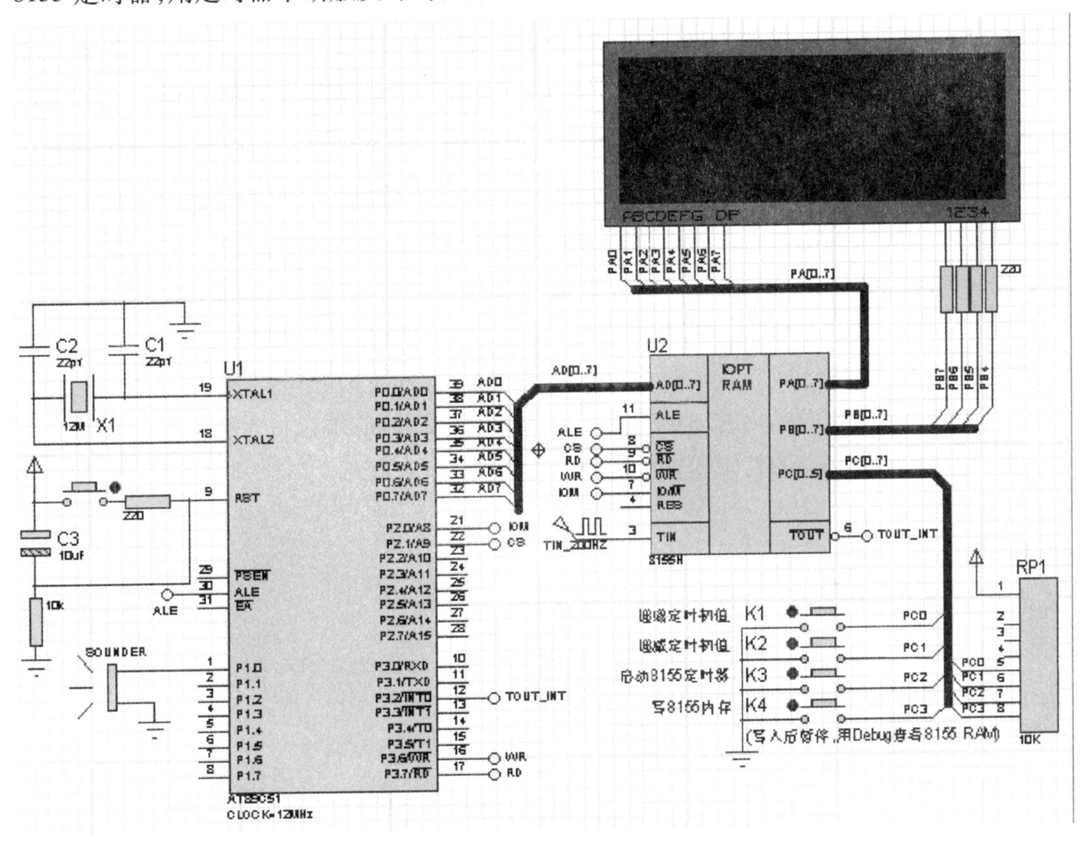

图 7.27　可编程接口芯片 8155 应用电路

(1)8155 应用电路设计。

图 7.27 电路中，8155 的 AD[0.7]为三态数据/地址线，TIN 是计数/定时器输入引脚，$\overline{\text{TOUT}}$是定时器输出引脚，可以是方波或脉冲波形。IO/$\overline{\text{M}}$ 是 I /O 与 RAM 选择线，置 1 时选择 I /O，置 0 时选择 RAM。

(2)8155 应用程序设计。

8155 应用程序中重点在于以下地址定义：

```
#define   COMM_8155         XBYTE[0XFD00]      //命令字端口
#define   PA_8155           XBYTE[0XFD01]      // PA 端口地址
```

```
#define  PB_8155          XBYTE[0XFD02]      // PB 端口地址
#define  PC_8155          XBYTE[0XFD03]      // PC 端口地址
#define  CONT_8155_L8     XBYTE[0XFD04]      //计数器低 8 位地址
#define  CONT_8155_H8     XBYTE[0XFD05]      //计数器高 6 位 +2 位方式地址
#define  PMEM_8155        XBYTE[0XFC00]      //8155RAM 地址
```

单片机 P2 端口提供地址的高 8 位，其中 P2.2 ~ P2.7 未用，定义中将它们全部置 1，P2.1 连接的 $\overline{CS}$ 置 0，P2.0 对应的 IO/$\overline{M}$ 分别取 0/1，因此在上述地址高 4 位定义中，除最后的 PMEM_8155 的高 8 位定义为 0xFC 以外，其他全部为 0xFD。

按下 K3 时 8155 启动定时器，源程序给 14 位的定时器设置固定初值为 400，定时溢出时，8155 的 $\overline{TOUT}$ 引脚触发单片机 INT0 中断，输出报警声音，同时还原定时初值，使中断能在同样的时间后继续触发。K1、K2 按键可改变 8155 定时器初值，在不同的定时初值定义下，中断的触发间隔不同，这通过报警声音输出的间隔就可以进行分辨。

参考源程序如下：

```
//说明：本例利用 8155 的 PA，PB 连接数码管，显示 8155 当前定时初值。
// PC 端口连接按键，分别用于调整定时初值，启动定时器，写 8155RAM 等。
//启动定时器后，在定时溢出时，8155 TOUT 将触发 INT0 中断，输出提示音。
//所调节的定时初值不同时，声音输出的间隔也不同。
#include <reg51.h>
#include <intrins.h>
#include <absacc.h>
#define INT8U unsigned char
#define INT16U unsigned int
//8155 地址定义
#define COMM_8155       XBYTE[0xFD00]     //命令字端口
#define PA_8155         XBYTE[0xFD01]     //PA 端口地址
#define PB_8155         XBYTE[0xFD02]     //PB 端口地址
#define PC_8155         XBYTE[0xFD03]     //PC 端口地址
#define CONT_8155_L8    XBYTE[0xFD04]     //计数器低 8 位地址
#define CONT_8155_H8    XBYTE[0xFD05]     //计数器高 6 位 +2 位方式地址
#define PMEM_8155       XBYTE[0xFC00]     //8155RAM 地址
//-----------------------------------------------------------
#define BEEP() P1 ^= (1<<0)             //蜂鸣器定义
//0-9 的共阳数码管段码表，最后一位为黑屏
const INT8U SEG_CODE[] =
{0xC0,0xF9,0xA4,0xB0,0x99,0x92,0x82,0xF8,0x80,0x90,0xFF};
```

```
INT8U Disp_Buffer[4] = {10,4,0,0};          //待显示信息缓冲
volatile INT16U cnt_8155 = 400;             //8155 定时计数初值变量
enum OP_Type {ADD,SUB};                     //定时初值递增或递减
//延时函数
void delay_ms(INT16U x)
{
    INT8U t; while(x--) for(t = 0; t < 120; t++);
}
//输出提示音
void Sounder()
{
    INT8U i,j;
    for (i = 0; i < 50; i++) { BEEP();j = 100; while ( --j); }
}
//设置 8155 定时初值
void Set_8155_TC( )
{
    CONT_8155_L8 = cnt_8155;                //装入定时初值低字节
    CONT_8155_H8 = cnt_8155 >>8;            //装入定时初值高字节
}
// 8155 定时初值调整
void adjust_tCount(enum OP_Type op)
{
    INT8Ui;
    INT16U  cnt;
    cnt_8155 = (op == ADD) ?  cnt_8155 + 50: cnt_8155 -50;
    if  (cnt_8155 >500)  cnt_8155 = 500;
    else  if  (cnt_8155 <100)  cnt_8155 = 100;
    cnt = cnt_8155;
    for (i =3; i >= 1; i--)
    {
    Disp_Buffer[i] = cnt %10; cnt /=10;     //从低位开始逐位分解
    }
}
// 8155PC 端口按键处理
```

```
void Key_Process()
{
    INT8Ui;
    static  INT8U  Pre_Key_State = 0xFF;
    INT8U  curr_Key_State = PC_8155 | 0xF0;
    if  (Pre_Key_State = = curr_Key_State)  return;
    Pre_Key_State = curr_Key_State;
    switch  (curr_Key_State)
      { case ~(1 < <0):  //K1:递增 8155 定时初值,每次递增 50
            adjust_tCount(ADD);  break;
      case ~(1 < <1):    //K2:递减 8155 定时初值,每次递减 50
            adjust_tCount(SUB);  break;
      case ~(1 < <2):    //K3:设置并启动 8155 定时器
            Set_8155_TC( );  break;
      case ~(1 < <3):    //K4:写 8155RAM:0 ~ 100
            for (i = 0; i < = 100; i + + ) *(&PMEM_8155 + i) = i;
            break;
      }
}
//主程序
int main()
{
    INT8Ui;
    IE = 0X81;  IT0 = 1;
    COMM_8155 = 0X03;
    P1 = 0X00;
    while(1)
      { for (i = 0; i <4; i + +)                          //4 位数码管显示
         { PB_8155 = 0X00;                                 //暂时关闭
        PA_8155 = SEG_CODE[Disp_Buffer[i]];              //向 8155PA 端口发送段码
        PB_8155 = 1 < < (7 - i);                         //向 8155PB 端口发送段码
        delay_ms(4);                                     //位间延时
        Key_Process( );                                  // 8155PC 端口按键处理
      }
}
```

```
// INT0 中断函数
void EX_INT0( ) interrupt 0
{
    EA =0;                                  //关中断
    Sounder( );                             //蜂鸣器输出
    Set_8155_TC( );                         //重置 8155 TC 初值并启动
    EA =1;                                  //开中断
}
```

习 题

一、选择题

1. 6264 芯片是(　　)。

A. EEPROM　　B. RAM　　C. FLASH ROM　　D. EPROM

2. MCS－51 用串行口扩展并行 I/O 口时，串行接口工作方式选择(　　)。

A. 方式 0　　B. 方式 1　　C. 方式 2　　D. 方式 3

3. 使用 8255 可以扩展出的 I/O 口线是(　　)。

A. 16 根　　B. 24 根　　C. 22 根　　D. 32 根

4. 当 8031 外扩程序存储器 8KB 时，需使用 EPROM 2716(　　)。

A. 2 片　　B. 3 片　　C. 4 片　　D. 5 片

5. 某种存储器芯片是 8KB＊4/片，那么它的地址线根数是(　　)。

A. 11 根　　B. 12 根　　C. 13 根　　D. 14 根

6. MCS－51 外扩 ROM、RAM 和 I/O 口时，它的数据总线是(　　)。

A. P0　　B. P1　　C. P2　　D. P3

7. 当使用快速外部设备时，最好使用的输入/输出方式是(　　)。

A. 中断　　B. 条件传送　　C. DMA　　D. 无条件传送

8. MCS－51 的中断源全部编程为同级时，优先级最高的是(　　)。

A. INT1　　B. TI　　C. 串行接口　　D. INT0

9. MCS－51 的并行 I/O 口信息有两种读取方法：一种是读引脚，还有一种是(　　)。

A. 读锁存器　　B. 读数据库　　C. 读 A 累加器　　D. 读 CPU 10

二、判断题

1. MCS－51 外扩 I/O 口与外 RAM 是统一编址的。(　　)

2. 使用 8751 且 EA＝1 时，仍可外扩 64KB 的程序存储器。(　　)

3. 8155 的复位引脚可与 89C51 的复位引脚直接相连。(　　)

4. 片外 RAM 与外部设备统一编址时，需要专门的输入/输出指令。(　　)

5. 8031 片内有程序存储器和数据存储器。(　　)

6. EPROM 的地址线为 11 条时，能访问的存储空间有 4K。(　　)

7. 8255A 内部有 3 个 8 位并行口，即 A 口、B 口、C 口。(　　)

8. 8155 芯片内具有 256B 的静态 RAM，2 个 8 位和 1 个 6 位的可编程并行 I/O 口，1 个 14 位定时器等部件。(　　)

9. 在单片机应用系统中，与外部设备、外部数据存储器传送数据时，使用 MOV 指令。(　　)

10. 为了消除按键的抖动,常用的方法有硬件和软件两种。 ( )

三、简答题

1. 8031 的扩展储存器系统中,为什么 P0 口要接一个 8 位锁存器,而 P2 口却不接?

2. 在 8031 扩展系统中,外部程序存储器和数据存储器共用 16 位地址线和 8 位数据线,为什么两个存储空间不会发生冲突?

3. 8031 单片机需要外接程序存储器,实际上它还有多少条 I/O 线可以用? 当使用外部存储器时,还剩下多少条 I/O 线可用?

4. 试将 8031 单片机外接一片 2716 EPROM 和一片 6116 RAM 组成一个应用系统,请画出硬件连线图,并指出扩展存储器的地址范围。

5. 简述可编程并行接口芯片 8255A 的内部结构。

6. 简述存储器扩展的一般方法。

7. 什么是部分译码法? 什么是全译码法? 它们各有有什么特点?

8. 存储器芯片的地址引脚与容量有什么关系?

9. MCS－51 单片机的外部设备是通过什么方式访问的?

四、编程题

1. 试编程对 8155 进行初始化,设 A 口为选通输出,B 口为选通输入,C 口作为控制联络口,并启动定时器/计数器按方式 1 工作,工作时间为 10ms,定时器计数脉冲频率为单片机的时钟频率 24 分频,fosc＝12MHz。

2. 设单片机采用 8051,未扩展片外 ROM,片外 RAM 采用一片 6116,编程将其片内 ROM 从 0100H 单元开始的 10B 的内容依次传送到片外 RAM 从 0100H 单元开始的 10B 中去。

3. 8031 扩展 8155,将 PA 口设置成输入方式,PB 口设置成输出方式,PC 口设置成输出方式,给出初始化程序。

4. 设计一个 2×2 行列式键盘电路并编写键盘扫描子程序。要求将存放在 8031 单片机内部 RAM 中 30H－33H 单元的 4 字节数据,按十六进制(8 位)从左到右显示,试编制程序。

5. 试用一片 74LS373 扩展一个并行输入口,画出硬件连接图,指出相应的控制命令。

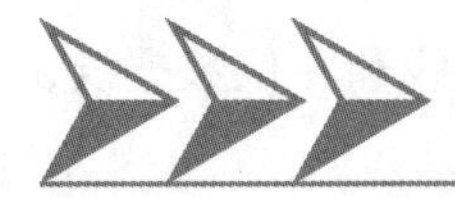

模块八 单片机应用系统开发技术

MCS－51 系列单片机以其优越的性能和低廉的价格,在工业实时控制、智能化仪表、数据采集、计算机通信等各个领域得到了极为广泛的应用。本模块将介绍 51 单片机应用系统的开发和调试。主要内容包括单片机应用系统开发的一般步骤、仿真与调试及系统的抗干扰和可靠性设计技术。

8.1 单片机应用系统开发的步骤

单片机应用系统的设计是一个相关知识综合应用的过程。一个完备的单片机应用系统包括硬件和软件两大部分,其中硬件部分包括扩展的存储器、键盘、显示、控制接口电路以及相关芯片的外围电路等,软件的功能就是指挥单片机按预定的功能要求进行操作的程序。只有系统的软、硬件紧密配合、协调一致,才是高性能的单片机系统。

8.1.1 单片机应用系统设计的一般步骤

单片机系统的开发过程一般包括系统的总体设计、硬件设计、软件设计和系统总体调试四个阶段,图 8.1 给出了系统研制过程框图。这几个设计阶段并不是相互独立的,它们之间相辅相成、联系紧密,在设计过程中应综合考虑、相互协调、各阶段交叉进行。

1. 系统总体设计

系统总体设计是单片机系统设计的前提,合理的总体设计是系统成败的关键。总体设计关键在于对系统功能和性能的认识和合理分析,系统单片机及关键芯片的选型,系统基本结构的确立和软、硬件功能的划分。

(1)需求分析。在设计一台单片机应用系统时,设计者首先应进行需求分析。对系统的任务、测试对象,控制对象、硬件资源和工作环境做出详细的调查研究,必要时还要勘察工业现场,进行系统试验,明确各项指标要求。

(2)确定技术指标。在现场调查的基础上,要对产品性能、成本、可靠性、可维护性及经济效益进行综合考虑,并参考同类产品,提出合理可行的技术指标。主要技术指标是系统设计的依据和出发点,此后的整个设计与开发过程都要围绕着如何能达到技术指标的要求来进行。

(3)方案论证。设计者还需要组织有关专家对系统的技术性能、技术指标和可行性做出

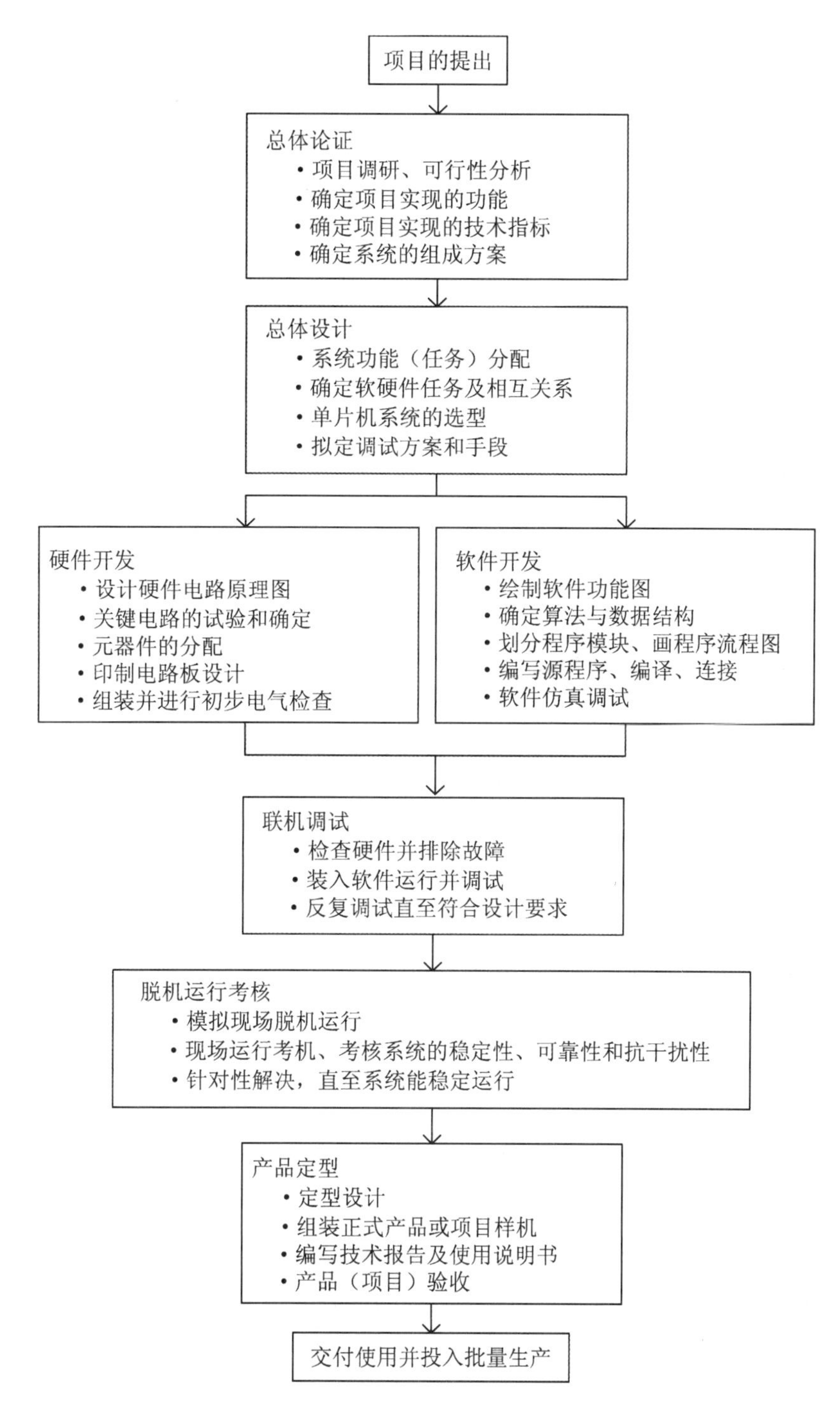

图 8.1 单片机系统研发过程

方案论证，并在分析研究基础上对设计目标、被控对象系统功能、处理方案、输入输出速度、存储容量、地址分配、输入输出接口和出错处理等给出明确定义，以拟定出完整的设计任务书。

(4)主要器件的选型。单片机的型号主要根据精度和速度要求来选择,其次根据单片机的输入输出口配置、程序存储器及内部 RAM 的大小来选择,另外要进行性能价格比较。

传感器是单片机应用系统设计的一个重要环节,因为工业控制系统中所用的各类传感器是影响系统性能的重要指标。只有传感器选择得合理,设计的系统才能达到预定设计指标。

在总体方案设计过程中,对软件和硬件进行分工是一个首要的环节。原则上,能够由软件来完成的任务就尽可能用软件来实现,以降低硬件成本,简化硬件结构。同时,还要求大致规定各接口电路的地址、软件的结构和功能、上下位机的通信协议、程序的驻留区域及工作缓冲区等。总体方案一旦确定,系统的大致规模及软件的基本框架就确定了。

2. 硬件设计

硬件和软件是单片机控制系统的两个重要方面,硬件是基础,软件是关键,但两者又是可以相互转化的。硬件设计时,应考虑留有充分余量,电路设计力求正确无误,因为在系统调试中不易修改硬件结构。

(1)设计硬件原理图。硬件设计的第一步是要根据总体设计要求设计出硬件的原理图,其中包括单片机程序存储器的设计、外部数据存储器的设计、输入输出接口的扩展、键盘显示器的设计、传感器检测控制电路的设计、A/D 及 D/A 转换器的设计。下面讨论 MCS - 51 单片机应用系统硬件电路设计时应注意的几个问题。

(2)程序存储器。若单片机片内无程序存储器或存储容量不够时,此时需扩展外部程序存储器。外部扩展的存储器通常可以选用 EPROM 或 E^2PROM。EPROM 集成度高,价格便宜;E^2PROM 则编程容易,可以在线读写。当程序量较小时,使用 E^2PROM 较方便;当程序量较大时,一般可选用容量较大、更经济的 EPROM 芯片,如 2764(8KB)、27128(16KB)或 27256(32KB)等。

(3)数据存储器和 I/O 接口。数据存储器由 RAM 构成。一般单片机片内都提供了小容量的数据存储区,只有当片内数据存储区不够用时才扩展外部数据存储器。

数据存储器的设计原则是:在存储容量满足的前提下,尽可能减少存储芯片的数量。建议使用大容量的 RAM 芯片,如 6116(2KB)、6264(8KB)或 62256(32KB)等,以减少存储器芯片数目,使译码电路简单,但应避免盲目地扩大存储容量。

由于外设多种多样,使得单片机与外设之间的接口电路也各不相同。因此,I/O 接口常常是单片机应用系统中设计最复杂也是最困难的部分之一。

I/O 接口芯片一般选用 8155(带有 256KB 静态 RAM)或 8255。这类芯片具有口线多、硬件逻辑简单等特点。若口线要求很少,且仅需要简单的输入或输出功能,则可用不可编程的 TTL 电路或 CMOS 电路。

A/D 和 D/A 电路芯片主要根据精度、速度和价格等来选用,同时还要考虑与系统的连接是否方便。

(4)地址译码电路。基本上所有需要扩展外部电路的单片机系统都需要设计译码电路,译码电路的作用是为外设提供片选信号,也就是为它们分配独一无二的地址空间。译码电路在设计时要尽可能简单,这就要求存储器空间分配合理,译码方式选择得当。

通常采用全译码、部分译码或线选法,应考虑充分利用存储空间和简化硬件逻辑等方面的问题。MCS-51 系统有充分的存储空间,包括 64KB 程序存储器和 64KB 数据存储器,所以在一般的控制应用系统中,主要是考虑简化硬件逻辑。当存储器和 I/O 芯片较多时,可选用译码器 74LSl38 或 74LSl39 等。

(5)总线驱动能力。如果单片机外部扩展的器件较多,负载过重,就要考虑设计总线驱动器。MCS-5l 系列单片机的外部扩展功能强,但 4 个 8 位并行口的负载能力是有限的,P0 口能驱动 8 个 TTL 电路,P1 ~ P3 口只能驱动 3 个 TTL 电路。在实际应用中,这些端口的负载不应超过总负载能力的 70%,以保证留有一定的余量。如果满载,会降低系统的抗干扰能力。在外接负载较多的情况下,如果负载是 MOS 芯片,因负载消耗电流很小,所以影响不大。如果驱动较多的 TTL 电路,则应采用总线驱动电路,以提高端口的驱动能力和系统的抗干扰能力。

数据总线宜采用双向 8 路三态缓冲器 74LS245 作为总线驱动器,地址和控制总线可采用单向 8 路三态缓冲器 74LS244 作为单向总线驱动器。

(6)系统速度匹配。MCS-51 系列单片机时钟频率可在 2MHz ~ 12MHz 之间任选。在不影响系统技术性能的前提下,时钟频率选择低一些为好,这样可降低系统中对元器件工作速度的要求,从而提高系统的可靠性。

(7)抗干扰措施。针对可能出现的各种干扰,应设计抗干扰电路。在单片机应用系统中,一个不可缺少的抗干扰电路就是抗电源干扰电路。最简单的实现方法是在系统弱电部分(以单片机为核心)的电源入口处对地跨接一个大电容(100μF 左右)与一个小电容(0.1μF 左右),在系统内部各芯片的电源端对地跨接一个小电容(0.1μF)。

另外,可以采用隔离放大器、光电耦合器件抗除输入/输出设备与系统之间的地线干扰;采用差分放大器抗除共模干扰;采用平滑滤波器抗除噪声干扰;采用屏蔽手段抗除辐射干扰等。

最后,应注意在系统硬件设计时,要尽可能充分地利用单片机的片内资源,使自己设计的电路向标准化、模块化方向靠拢。

硬件设计结束后,应编写出硬件电原理图及硬件设计说明书。

3. 软件设计

软件是单片机应用系统中的一个重要组成部分,图 8.2 给出了软件设计的流程图。单片机应用系统的软件设计是研制过程中任务最繁重的一项工作,难度也比较大。对于某些较复杂的应用系统,不仅要使用汇编语言来编程,有时还要使用高级语言。

(1)软件方案设计。软件方案设计是指从系统高度考虑程序结构、数据形式和程序功能的实现方法和手段。由于一个实际的单片机控制系统的功能复杂、信息量大,程序较长,这就要求设计者能合理选用程序设计方法。开发一个软件的明智方法是尽可能采用模块化结构。根据系统软件的总体构思,按照先粗后细的方法,把整个系统软件划分成多个功能独立、大小适当的模块。应明确规定各模块的功能,尽量使每个模块功能单一,各模块间的接口信息简单、完备、接口关系统一,尽可能使各模块间的联系减少到最低限度。这样,各个模块可以分别独立设计、编制和调试,最后再将各个程序模块连接成一个完整的程序进行总调试。

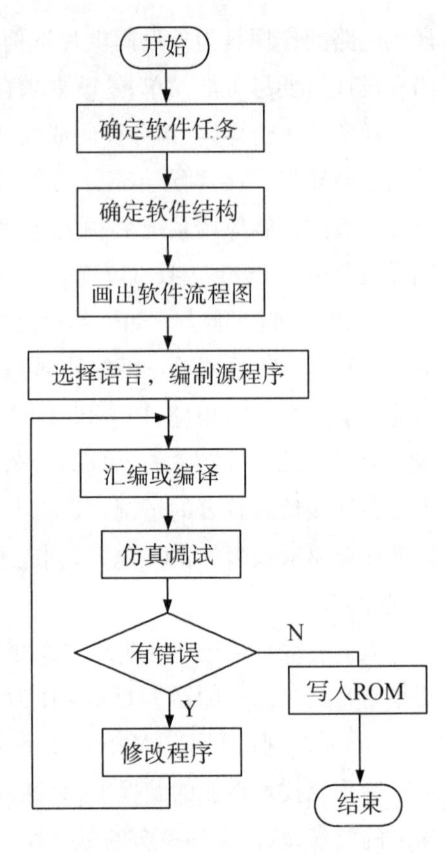

图8.2 软件设计流程图

单片机应用系统的软件主要包括两大部分:用于管理单片机微机系统工作的监控程序和用于执行实际具体任务的功能程序。对于前者,应尽可能利用现成微机系统的监控程序。为了适应各种应用的需要,现在的单片机开发系统的监控软件功能相当强,并附有丰富的实用子程序,可供用户直接调用,例如键盘管理程序、显示程序等。因此,在设计系统硬件逻辑和确定应用系统的操作方式时,就应充分考虑这一点。这样可大大减少软件设计的工作量,提高编程效率。后者要根据应用系统的功能要求来编写程序。例如,外部数据采集、控制算法的实现、外设驱动、故障处理及报警程序等。

(2)建立数学模型。在软件设计中还应对控制对象的物理过程和计算任务进行全面分析,并从中抽象出数学表达式,即数学模型。建立的数学模型要能真实描述客观控制过程,要精确而简单。因为数学模型只有精确才会有实用意义,只有简单才便于设计和维护。

(3)软件程序流程图设计。不论采用何种程序设计方法,设计者都要根据系统的任务和控制对象的数学模型画出程序的总体框图,以描述程序的总体结构。

(4)编制程序。完成软件流程图设计后,依据流程图即可编写程序。只要编程者既熟悉所选单片机的内部结构、功能和指令系统,又掌握一定的程序设计方法和技巧,那么依照程序流程图即可编写出具体程序。

(5)软件检查。源程序编制好后要进行静态检查,这样会加快整个程序的调试进程,静态检查采用自上而下的方法进行,如发现错误及时加以修改。

4. 系统调试

单片机应用系统的总体调试是系统开发的重要环节。当完成了单片机应用系统的硬件、软件设计和硬件组装后,便可进入单片机应用系统调试阶段。系统调试的目的是要查出用户系统硬件设计与软件设计中存在的错误及可能出现的不协调问题,以便修改设计,最终使用户系统能正确可靠地工作。

系统调试包括硬件调试，软件调试和软、硬件联调。根据调试环境不同，系统调试又分为模拟调试与现场调试。各种调试所起的作用是不同的，它们所处的时间段也不一样，不过它们的目的都是为了查出用户系统中存在的错误或缺陷。在调试过程中要不断调整、修改系统的硬件和软件，直到正确为止。联机调试运行正常后，将软件固化到 EPROM 中，脱机运行，并到生产现场投入实际工作，检验其可靠性和抗干扰能力，直到完全满足要求，系统才算研制成功。

(1)单片机应用系统调试工具。在单片机应用系统的调试过程中，常用的调试工具有以下几种：

① 单片机开发系统。

② 万用表。

③ 逻辑笔。

④ 逻辑脉冲发生器与模拟信号发生器。

⑤ 示波器。

⑥ 逻辑分析仪。

(2)单片机应用系统的一般调试方法。单片机应用系统的一般调试方法有：

① 硬件调试：a. 静态调试，b. 动态调试。

② 软件调试：a. 先独立后联机，b. 先分块后组合，c. 先单步后连续。

③ 系统联调：a. 软、硬件能否按预定要求配合工作，b. 系统运行中是否有潜在的设计时难以预料的错误，c. 系统的动态性能指标(包括精度、速度参数)是否满足设计要求。

④ 现场调试：一般情况下，通过系统联调后用户系统就可以按照设计目标正常工作了。

总之，现场调试对用户系统的调试来说是最后必需的一个过程，只有经过现场调试的用户系统才能保证其可靠地工作。现场调试仍需利用开发系统来完成，其调试方法与前述类似。

8.1.2　单片机应用系统设计的性能

1. 高可靠性

高可靠性是设计任何应用系统的最基本要求。单片机应用系统在满足使用功能的前提下，应具有较高的可靠性，否则一旦发生故障将导致整个系统瘫痪，可能会产生严重的后果。可靠性要求是贯穿单片机应用系统设计整个过程中首要考虑的问题。

2. 强实时性

单片机有很强的中断处理功能，因此常用于处理一些实时性强的任务。在设计单片机应用系统时，应充分利用单片机的中断功能，快速及时处理一些突发或者其他需要快速响应的事件。

3. 易于维护和操作

应用系统的操作和维护人员一般不像系统开发人员那样熟练掌握单片机、电子技术等专业知识,甚至完全不具备这些方面的知识和能力,因此在系统设计时应考虑系统的操作和维护方便,尽可能降低对操作人员计算机等专业知识的要求,便于系统的推广应用。

为了方便系统的操作和维护,设计的应用系统应规范化、模块化,功能符号简明直观,操控开关不能太多、太复杂,操作顺序简单明了并有一定的容错性,输入/输出采用十进制数表示。

4. 性价比高

性价比高也是设计应用系统的一个基本要求,是否有较高性价比是应用系统能否被广泛采用的关键因素之一。

硬件软化是提高系统性价比的实用方法。在系统设计时,应尽可能减少硬件成本,能用软件实现的功能尽量用软件实现,在不增加成本或增加少量成本的基础上,尽可能提高软件和硬件结构的通用性和可扩充性。

8.2 单片机应用系统的仿真开发与调试

一个单片机应用系统(用户样机)经过总体设计,完成了硬件和软件设计开发,元器件安装后,在程序存储器中载入编制好的应用程序,系统即可运行。但程序运行一次成功几乎是不可能的,多少会存在一些软件、硬件上的错误,这就需要借助单片机的仿真开发工具进行调试来发现错误并加以改正。

AT89C51 单片机只是一个芯片,既没有键盘,又没有 CRT、LED 显示器,也无法运行系统开发软件(如编辑、汇编、调试程序等),因此,必须借助某种仿真开发工具(也称为仿真开发系统)所提供的开发手段来进行。

仿真就是利用仿真开发工具提供的可控手段来模仿单片机系统真实的运行情况。在单片机系统的调试中,仿真应用的范围主要集中在对程序的仿真上。

一般来说,仿真开发工具应具有如下最基本的功能:

(1)用户样机程序的输入与修改。

(2)程序的运行、调试(单步运行、设置断点运行)、排错、状态查询等功能。

(3)用户样机硬件电路的诊断与检查。

(4)有较全的开发软件。用户可用汇编语言或 C 语言编制应用程序;由开发系统编译连接生成目标文件、可执行文件。配有反汇编软件,能将目标程序转换成汇编语言程序;有丰富的子程序可供用户选择调用。

(5)将调试正确的程序写入到程序存储器中。

8.2.1 单片机应用系统的仿真

仿真主要分为两大类,即硬件仿真和软件仿真。

硬件仿真。使用附加的硬件来代替用户系统的单片机并完成单片机全部或大部分的功能,使用附加软件后用户就可以对程序的运行加以控制,如单步、全速、断点等。例如,在程序的运行中,在设置的断点处查看某寄存器、存储器单元的内容。硬件仿真是开发过程中所必需的,人们把实现硬件仿真功能的开发工具称为仿真器。

软件仿真。这种方法主要是使用计算机软件来模拟单片机的运行。因此在仿真与硬件无关的系统时具有一定的优点。用户不需要搭建硬件电路就可以对程序进行验证,特别适合于偏重算法的程序。软件仿真的缺点是无法完全仿真与硬件相关的部分,因此最终还是要通过硬件仿真来完成最终的设计。

1. 硬件仿真

通过硬件仿真与试验样机联机进行的“实时”在线仿真称为在线仿真器。在线仿真器是单片机开发系统中的一个主要部分。单片机在线仿真器本身就是一个单片机系统,它具有与所要开发的单片机应用系统相同的单片机型号。所谓仿真,就是在线仿真器中的具有“透明性”和“可控性”的单片机来代替应用系统中的单片机工作,通过开发系统控制这个“透明的”“可控性”的单片机的运行,即用单片机开发系统的资源来仿真应用系统。这是软件和硬件一起综合排除故障的一种先进开发手段。所谓在线,就是仿真器中单片机运行和控制的硬件环境与应用系统单片机实际环境一致。在线仿真的方法,就是使单片机应用系统在实际运行环境中、实际外围设备情况下,用开发系统仿真、调试。

2. 软件仿真

单片机应用系统软件仿真开发平台有两个常用的工具软件:Keil C51 和 Proteus ISIS。前者主要用于单片机 C 语言源程序的编辑、编译、连接及调试;后者主要用于单片机硬件电路原理图的设计以及单片机应用系统的软、硬件联合仿真调试。

Proteus 是英国 Labcenter 公司开发的电路分析与实物仿真软件,它可以仿真、分析(SPICE)各种模拟器件和集成电路,其最大的特点是可以支持许多型号的单片机仿真。该软件的单片机仿真库里有 51 系列、PIC 系列、AVR 系列等,另外还提供了 SCH(原理图)与 PCB(印制板)设计功能。我们可以用该软件模拟通过后再制作印制板。

在使用 Proteus 软件对 51 系列单片机系统进行仿真开发时,编译调试环境可以选用 Keil C51μVision 4 软件。该软件支持更多不同公司的 MCS－51 架构的芯片,集编辑、编译和程序仿真一体化,同时还支持汇编和 C 语言的设计,界面友好易学,在调试程序、软件和仿真方面有强大的功能。其使用已在前面进行了详细介绍。

用软件开发工具 Proteus 软件模拟器调试软件不需要任何硬件在线仿真器,也不需要用户硬件样机,直接可以在 PC 上开发和调试单片机软件。调试完毕的软件可以将机器代码固化,一般能直接投入运行。

尽管虚拟仿真开发工具 Proteus 具有开发效率高,不需要附加的硬件开发装置成本,但仅适用纯软件来对用户系统进行仿真,对硬件电路的实时性还不能完全准确地模拟,不能进行用户样机硬件部分的诊断与实时在线仿真。因此在系统开发的过程中,一般是在

Proteus 环境下设计出系统原理图，编写程序，再在 Proteus 环境下仿真调试通过，然后依照仿真的结果，完成实际的硬件设计，并将仿真通过的程序烧录到单片机的 Flash 存储器中，最后安装到用户的样机硬件板上去观察运行结果。如果有问题，再连接硬件仿真器去分析、调试。

8.2.2 单片机应用系统的调试

单片机应用系统是硬件电路和软件编程相结合的系统。调试就是验证硬件电路设计和软件编程是否正确的过程，因此调试包括硬件调试和软件调试。硬件调试的任务是排除单片机系统中的电路故障，包括设计错误和工艺性故障。软件调试的任务是排除程序缺陷及错误，并发现硬件故障。

单片机应用系统的硬件调试和软件调试是分不开的，许多硬件故障是在调试软件时才发现的，但一般情况下是先排除系统中明显的硬件故障后才和软件结合起来调试。

1. 常见的硬件故障

(1)逻辑错误。

硬件的逻辑错误是由于设计错误和加工过程中的工艺性错误所造成的。这类错误包括开路、短路、错线等情况，其中短路是最常见的故障。在印刷电路板布线密度高的情况下，极易因工艺原因造成短路。

(2)器件失效。

造成元器件失效的原因有两个：一是由于组装错误造成的元器件失效，如电解电容、二极管极性错误、集成块安装方向错误等；二是元器件本身已损坏或性能不符合要求。

(3)可靠性差。

引起系统不可靠的因素很多，如内外部的干扰、电源纹波系数过大、器件负载过大、插件接触不良等；另外布局和走线不合理也会引起系统可靠性变差。

(4)电源故障。

电源故障包括电压值不符合设计要求、电源功率不足、负载能力差等。若存在电源故障，则加电后将造成器件损坏。

2. 硬件调试方法

(1)脱机调试。

脱机调试是在样机加电之前，先用万用表等工具，根据硬件电气原理图和装配图仔细检查样机线路的正确性，并核对元器件的型号、规格和安装是否符合要求。应特别注意电源的走线，防止电源之间的短路和极性错误，并重点检查扩展系统总线是否存在相互间的短路或其他信号线的短路。

对于样机所用的电源事先必须单独调试，调试好后，检查其电压值、负载能力、极性等均符合要求后才能加到系统上。在不插片子的情况下，加电检查各插件上引脚的电位，仔细测量各点电位是否正常，尤其应注意单片机插座上的各点电位是否正常，若有高压，联机时将会损坏开发机。

(2)联机调试。

通过脱机调试可排除一些明显的硬件故障,但有些硬件故障还是要通过联机调试才能发现和排除。

联机前先断电,把开发系统的仿真插头插到样机的单片机插座上,检查一下开发机与样机之间的电源、接地是否良好,一切正常后才可打开电源。

通电后开发机执行读写指令,对用户样机的存储器、I/O 端口进行读写操作、逻辑检查,如有故障,可用样机的存储器、I/O 端口进行读写操作、逻辑检查,如有故障,可用示波器观察波形(如输出波形、读写控制信号)。通过对波形的观察分析,寻找故障原因,并进一步排除故障。可能的故障有线路连接上的逻辑错误,有短路或断路现象、集成电路失效等。

在用户系统的样机(主机部分)调试好后,可以插上用户系统的其他外围部件(如键盘、显示器、输出驱动板等),再对这些部件进行初步调试。在调试中若发现用户系统工作不稳定,可能有以下原因:

①用户系统主机板负载过大。

②电源系统供电电流不够,联机时公共地线接触不良。

③用户系统各级电源滤波不完善等。

对于工作不稳定的问题一定要认真查出原因,加以排除。

3. 软件调试方法

软件调试与所选用的软件结构和程序设计技术有关。如果采用模块程序设计技术,则逐个模块调试好以后,再进行系统程序总调试。如果采用实时多任务操作系统,一般是逐个任务进行调试。

对于模块结构程序,要一个个子程序分别调试。调试子程序时,一定要符合现场环境,即入口条件和出口条件。调试时可采用单步运行方式和断点运行方式,通过检查用户系统CPU 的现场、RAM 的内容和 I/O 口的状态,检查程序执行结果是否符合设计要求。通过检测可发现程序中的死循环、转移地址错误等,同时也可以发现用户系统中的硬件故障、软件算法及硬件设计错误。在调试过程中不断调整用户系统的软件和硬件,逐步通过一个个程序模块。

各程序模块通过后,可以把各功能模块联合起来一起进行整体程序综合调试。在这个阶段若发生故障,可以考虑各子程序在运行时是否破坏现场、堆栈区域是否溢出、输入设备的状态是否正常等。若用户系统是在开发系统的监控程序下运行时,还要考虑用户缓冲单元是否和监控程序的工作单元发生冲突。

单步和断点调试后,还应进行连续调试,这是因为单步运行只能验证程序的正确与否,而不能确定定时精度、CPU 的实时响应等问题。待全部完成后,应反复运行多次,除了观察稳定性之外,还要观察用户系统的操作是否符合原始设计要求、安排的用户操作是否合理等,必要时还需做适当修正。

在全部调试和修改完成后，将用户软件固化到EPROM中，插入用户样机后，用户系统就能脱离开发机独立工作，至此系统研制完成。

8.3 单片机应用系统的抗干扰设计

许多初次开发单片机应用系统的人都有过这样的经历：当设计、制作和调试好的样机投入工业现场实际运行时却不能正常工作，有的是一开机就失灵，有的是时好时坏，有的则不能正常运行。经验丰富的开发人员知道，这是由于工业环境有强大的干扰，而单片机应用系统没有采取抗干扰措施，或措施不力。只有通过反复修改硬件和软件设计，增加相应的抗干扰能力，系统才能适应现场环境，按预期目标完成工作。实际上，为抗干扰所做的工作常比在实验室研制样机时所做的工作还要多，由此可见抗干扰技术的重要性。

干扰的主要来源有电源电网的波动、大型用电设备（如电炉、电机、电焊机等）的启停、高压设备和电磁开关的电磁辐射、传输电缆的共模干扰。这是单片机应用系统的特殊问题。与硬件干扰相比，软件干扰更容易解决。下面我们将从硬件抗干扰设计和软件抗干扰设计两个方面进行讨论。

8.3.1 硬件抗干扰设计

由于各应用系统所处的环境不同，面临的干扰源也不同，相应采取的抗干扰措施也不尽相同。在单片机应用系统的设计中，硬件抗干扰措施主要从下面几个方面考虑：

1. 电源的干扰及抗干扰措施

对于单片机应用系统来说，最严重的干扰来源于电源。由于任何电源及辅电线都存在内阻、分布电容和电感等，正是这些因素引发了电源的噪声干扰。一般解决的方法是：

（1）采用交流稳压电源保证供电的稳定性，防止电源的过电压和欠电压。

（2）利用低通滤波器滤除高次谐波，改善电源波形。

（3）采用隔离变压器，并使其一次侧、二次侧之间均采用屏蔽层隔离，以减少其分布电容，提高抗共模干扰能力。

（4）采用分散独立功能块供电，以减少公共阻抗的相互耦合以及公共电源的相互耦合。

2. 输入输出通道干扰及抗干扰措施

输入输出通道是单片机与外设、被控对象进行信息交换的渠道。由输入输出通道引起的干扰主要由公共地线引发，其次是受到静电噪声和电磁波干扰。常用的解决方法有：

（1）模拟电路通过隔离放大器隔离，数字电路通过光电耦合器隔离。模拟接地和数字接地严格分开，隔离器输入回路和输出回路的电源分别供电。

（2）用双绞线作长线传输线能有效地抑制共模噪声及电磁场干扰，并应对传输线进行阻抗匹配，以免产生反射，使信号失真。

(3)传感器后级的变送器应尽量采用电流型传输方式,因电流型比电压型抗干扰能力要高。

3. 电磁场干扰及抗干扰措施

若系统的外部存在电磁场的干扰源或系统的被控对象本身就是电磁场干扰源,如控制电机的起停和控制继电器的通断等,这些被控对象在被激励后,会产生强烈的电磁感应,影响系统的可靠性。电磁场干扰可以采用屏蔽的方法加以解决。

(1)对干扰源进行电磁屏蔽(如变压器、继电器等)。

(2)对整个系统进行电磁屏蔽,传输线采用屏蔽线。

4. 印制电路板及电路的抗干扰措施

印制电路板是系统中器件、信号线、电源线的高密度集合体,印制电路板设计的好坏对抗干扰能力影响很大。故印制电路板的设计不单是器件、线路的简单布局安排,还必须符合抗干扰的设计原则。通常有下述抗干扰措施:

(1)将强、弱电路严格分开,尽量不要把它们设计在一块印制电路板上。

(2)电源线的走向应尽量与数据传输方向一致。

(3)电源的地线应尽量加粗。

(4)在大规模集成电路芯片的供电端都应加高频滤波电容,在各个供电接点上还应加足够容量的退耦电容。

8.3.2　软件抗干扰设计

软件抗干扰设计是单片机应用系统的一个重要组成部分。干扰对单片机系统可能造成下列后果:数据采集误差增大,程序“跑飞”失控或陷入死循环。尽管在硬件方面采取了种种抗干扰措施,但仍不能完全消除这些干扰,必须同时从软件方面采取适当的措施,才能取得良好的抗干扰效果。如能正确地采用软件抗干扰措施,与硬件抗干扰措施构成双重抑制,将大大地提高系统的可靠性,而且采用软件抗干扰设计,通常成本低、见效快,能起到事半功倍的效果。软件方面抗干扰措施通常有以下几种方法:

1. 数据采集误差

对于实时数据采集系统来说,为了消除传感器通道中的干扰信号,在早期常采用硬件电路措施,如有源或无源滤波网络、过程模拟滤波器对信号实现滤波。同样,随着计算机运算速度的提高,可以利用软件技术对信号实现数字滤波。下面介绍几种常用的方法。

(1)算术平均值法。对一点数据连续多次采样,取其算术平均值,还可以扩展成采样值的加权平均值法,即对于每一个采样数据乘以各自的权值后,加以平均,以其作为该点的采样结果。这种方法可以减小系统的随机干扰对数据采集的影响。

(2)比较舍取法。当控制系统测量结果的个别数据存在偏差时,为了剔除个别错误数据,可采用比较舍取法,即对一点数据连续采样多次,根据所采样的变化情况确定舍取办法,剔除较大偏差数据。

(3)中位值法。对一点数据连续采样多次,依次排序,取其中间值作为采样结果。这种方法比较适合于消除脉冲性噪声。

上述三种方法均要求对一点数据连续采样多次,然后根据数据特点和干扰特点采用其中一种方法采样。

(4)一阶递推数字滤波法。这是利用软件完成 RC 低通滤波器的算法,具体的算法为:

$$Y_n = QX_n + (1 - Q)Y_{n-1}$$

式中 Q 为数字滤波系数,X_n 为第 n 次采样时的滤波器输入,Y_n 为第 n 次采样时的滤波器输出,Y_{n-1}为第(n - 1)次采样时的滤波器输出。

滤波系数 $Q = \Delta T/Tf < 1$,其中 ΔT 为采样周期,Tf 为数字滤波器的时间系数。具体的参数应通过实际运行选取适当数值,使周期性噪声减至最弱或全部消除。

2. 开关量的抗干扰措施

在一个应用系统工作的过程中,经常需要读入一些状态信息,而且还要不断地发出各种开关控制命令到执行部件上,如继电器、电磁阀等。为了提高开关量输入输出的可靠性,在软件设计上可以采取下列措施:

(1) 对于开关量输入,为了确保信息的正确性,可以采取多次读入进行比较,取多数情况的状态。

(2) 对于开关量输出,通常是用来控制电感性的执行机构,如控制电磁阀。为了防止电磁阀因干扰产生误动作,可以在应用程序中每隔一段时间(比如几个毫秒)发出一次命令,不断地关闭阀门或打开阀门,这样就可以较好地消除由于扰动而引起的误动作。

(3) 对于输入开关量的机械抖动干扰,软件程序可以通过延时来进行消除。

3. 程序"跑飞"失控或进入死循环

系统受到干扰导致 PC 值改变后,PC 值不是指向指令的首字节地址而可能指向指令中的中间字节单元即操作数,将操作数作为指令码执行;或 PC 值超出程序区,将非程序区的随机数作为指令码运行,从而使程序失控"跑飞",或由于偶然巧合进入死循环。这里所说的死循环并非程序编制中出现的死循环错误,而是指正常运行时程序正确,只是因为干扰而产生的死循环。解决方法有:

(1)设置软件陷阱。即在非程序区安排指令强迫复位。如用 LJMP 0000H 的机器码填满非程序区。这样不论 PC 失控后飞到非程序区的哪个字节,都能复位。也可在程序区每隔一段(如几十条指令)连续安排三条 NOP 指令。因为 8051 指令字节最长为三字节。当程序失控时,只要不跳转,指令连续执行,就会运行 NOP 指令,就能使程序恢复正常。

(2)设置"看门狗"。设置软件陷阱能解决一部分程序失控问题,但当程序失控"跑飞"进入某种死循环时,软件陷阱可能不起作用。使程序从死循环中恢复到正常状态的有效方法是设置时间监视器,时间监视器又称"看门狗"。时间监视器有两种:一种是硬时钟,一种是软时钟。硬时钟是在 CPU 芯片外用硬件构成一个定时器,软时钟是利用片内定时/计数器,定时时间比正常执行一次程序循环所需时间要长。正常运行未受干扰时,CPU 每隔一段时间“喂狗”一次，即对硬时钟输出复位脉冲使其复位，对软时钟重置时间常数复位。“喂狗”时间应比设定的定时时间要短，即在狗“未饿未叫”时“喂狗”（复位），使其始终不“叫”（不中断、不溢出）。当受到干扰，程序不能正常运行，陷入死循环时，因不能及时“喂狗”，硬时钟或软时钟运行至既定的定时时间，硬时钟输出一个复位脉冲至 CPU 的 RESET 端使单片机复位。软时钟可产生中断，在中断服务子程序中修正或复位。上述硬、软时钟只需设置其中一种，各有利弊。软时钟不需增加硬件电路但要占用一个宝贵的定时/计数器资源；硬时钟不占资源，但要增加硬件电路和材料成本。

任务八　单片机综合应用系统设计

一、单片机控制直流电机

1. 基本原理

主体电路：直流电机 PWM 控制模块。这部分电路主要由单片机的 I/O 端口、定时计数器、外部中断扩展等控制直流电机的加速、减速以及电机的正转和反转，可以调整电机的转速，还可以方便地读出电机转速的大小和了解电机的转向，能够很方便地实现电机的智能控制，通过单片机产生脉宽可调的脉冲信号并输入到 L298 驱动芯片来控制直流电机工作。该直流电机 PWM 控制系统由以下电路模块组成：设计输入部分模块主要是利用带中断的独立式键盘来实现。设计控制部分主要由单片机的外部中断扩展电路组成。设计显示部分包括 LED 数码显示部分。数码显示部分由 4 个 8 位数码管显示模块组成。直流电机 PWM 控制实现部分主要由一些二极管、电机和 LM298 直流电机驱动模块组成。

2. 总体设计框图

系统组成：直流电机 PWM 调速方案如图 8.3 所示：

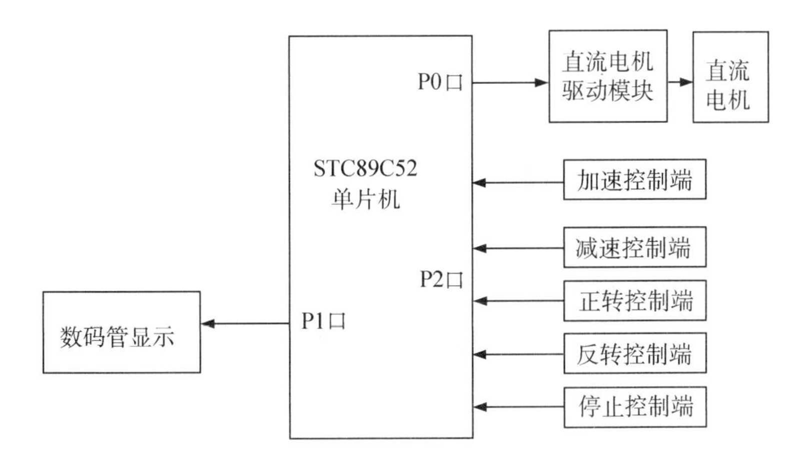

图 8.3　直流电机 PWM 调速方案

方案说明:直流电机 PWM 调速系统以 STC89C52 单片机为控制核心,由命令输入模块、数码管显示模块及电机驱动模块组成,采用带中断的独立式键盘作为命令的输入,单片机在程序控制下,定时不断给直流电机驱动芯片发送 PWM 波形,H 型驱动电路完成电机正反转控制,同时单片机不停地将从键盘读取的数据送到数码管显示模块去显示。

3. 硬件设计

系统采用 STC89C52 控制输出数据,由 PWM 信号发生电路产生 PWM 信号,送到直流电机,从而实现对电机速度和转向的控制,达到直流电机调速的目的。

4. PWM

(1)PWM 简介。

PWM(脉冲宽度调制)是按一个固定的频率来接通和断开电源,并且根据需要改变一个周期内"接通"和"断开"时间的长短,通过改变直流电机电枢上电压的"占空比"来达到改变平均电压大小的目的,从而控制电动机的转速。也正因为如此,PWM 又被称为"开关驱动装置"。

(2)PWM 占空比。

如图 8.4,设电机始终接通电源时,电机转速最大为 V_{max},设占空比 D = t1/T,则电机的平均速度为 $V_a = V_{max} * D$,其中 V_a 指的是电机的平均速度。由上面的公式可见,当我们改变占空 D = t1/T 时,就可以得到不同的电机平均速度 V_a,从而达到调速的目的。

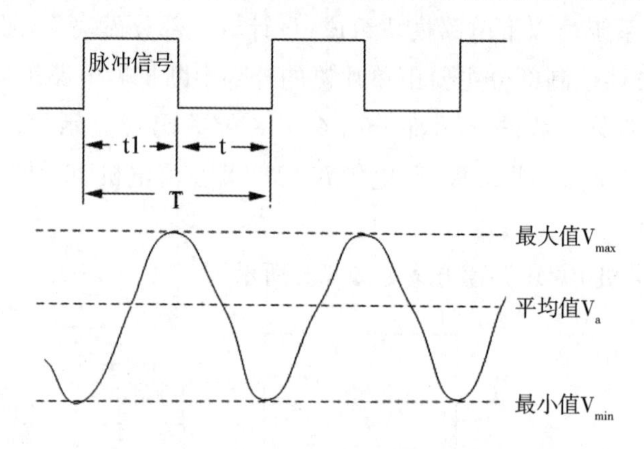

图 8.4　电机平均速度与 PWM 占空比关系图

(3)PWM 调速软件实现。

可采用定时器作为脉宽控制的调速方式,这一方式产生的脉冲宽度极其精确,误差只在几个 us。

(4)PWM 控制电路。

常见 PWM 控制电路如图 8.5 所示。

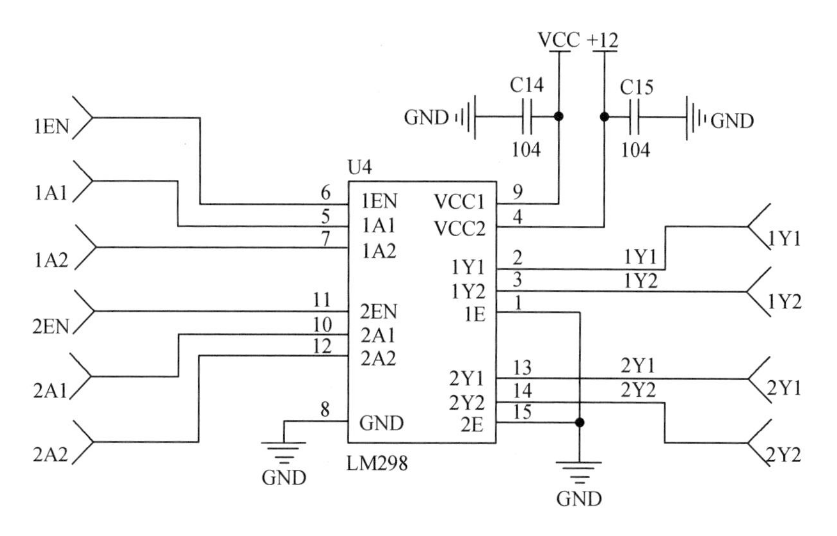

图 8.5　常见 PWM 控制电路

(5)PWM 控制流程图。

PWM 控制流程图如图 8.6 所示。

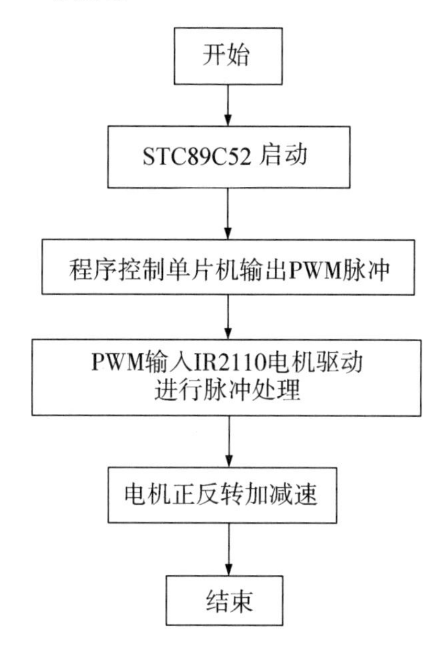

图 8.6　PWM 控制流程图

5. 硬件连接

直流电机 PWM 控制硬件仿真图如图 8.7 所示。

6. 软件设计

直流电机控制程序。

```
#include <reg52.h>                        //52 单片机头文件
#define uint unsigned int                 //宏定义
```

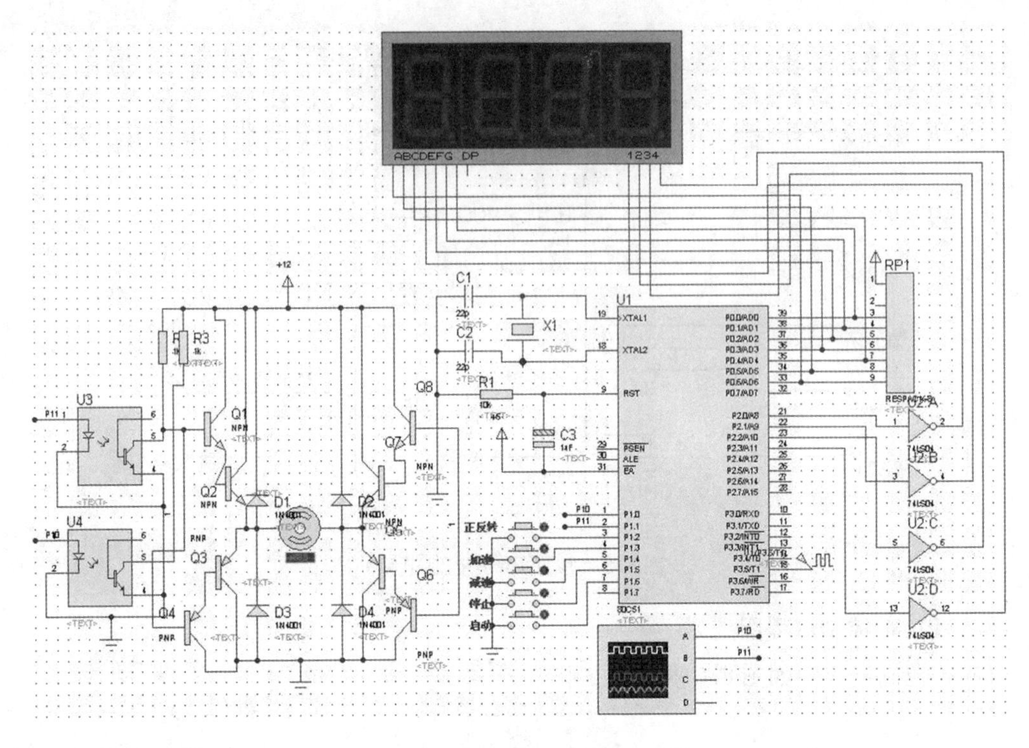

图 8.7　直流电机 PWM 控制硬件仿真图

```
#define uchar unsigned char                    //宏定义
sbit dianji = P1^7;                            //控制电机的 I/O 口定义
sbit jia_key = P3^6;                           //加速键
sbit jian_key = P3^7;                          //减速键
unsigned char num = 0,gao_num,di_num;          //高电平、低电平延时次数
/ * 延时子程序 * /
void delay( unsigned int z)
{
    unsigned int x,y;
    for( x = z;x > 0;x - - )
        for( y = 114;y > 0;y - - );
}

/ * 按键检测处理子程序 * /
void key( )
{
    if( jia_key = = 0)
    {
```

```
        delay(5);                         //消抖
        if(jia_key = =0)
        {
          num + +;                        //加速键按下,速度标志加 1
          if(num = =4) num =4;            //已经达到最大 3,速度最大,则保持
          while(jia_key = =0);            //等待按键松开
        }
    }
    if(jian_key = =0)
    {
        delay(5);                         //消抖
        if(jian_key = =0)
        {
          if(num! =0) num - -;            //减速键按下,速度标志减 1
          else num =0;                    //已经达到最小 0,速度最小,则保持
          while(jian_key = =0);           //等待按键松开
        }
    }
}

/ * 控制电机子程序 * /
void qudong()
{
    uchar i;
        for(i =0;i <4;i + +)
        {
          if(i < num)dianji =0;           //输出低电平
          else dianji =1;
          delay(5);
        }
}
void main()
{
    while(1)
    {
```

```
    key();
    qudong();
  }
}
```

二、单片机控制超声波测距

1. 超声波测距原理

超声波测距原理如图 8.8 所示。

(1)采用 IO 触发测距,给至少 10ms 的高电平信号;

(2)模块自动发送 8 个 40kHz 的方波,自动检测是否有信号返回;

(3)有信号返回,通过 IO 输出一高电平,高电平持续的时间就是超声波从发射到返回的时间。

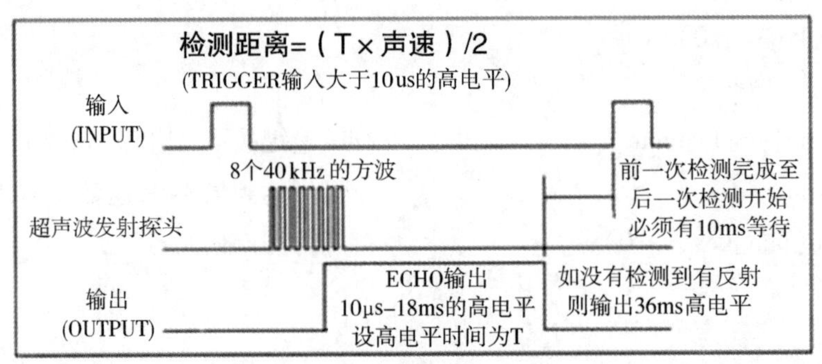

图 8.8 超声波测距原理图

2. 超声波测距的程序流程如图 8.9 所示。

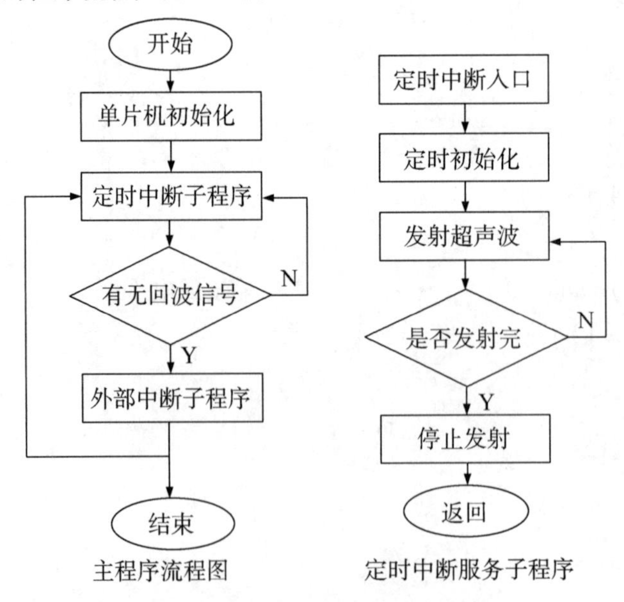

图 8.9 超声波测距的程序流程图

3. 程序如下：

```
//超声波模块程序
//Trig = P2^0
//Echo = P3^2
#include  <reg52.h>
#define uchar unsigned char
#define uint   unsigned int
//
void delay(uint z)
{
 uint x,y;
  for(x = z;x >0;x - - )
  for(y = 110;y >0;y - - );
}
//
void delay_20us()
 {
     uchar a ;
     for(a =0;a <100;a + + );
 }
// ****************************************************
//显示数据转换程序
void display(uint temp)
 {
     uchar ge,shi,bai;
     bai = temp/100;
     shi = (temp% 100)/10;
     ge = temp% 10;
     wela =1;
     P0 =0xf7;
     wela =0;
     dula =1;
     P0 = table[bai];
     dula =0;
     delay(1);
```

```
    dula = 1;
    P0 = 0x00;                  //关位码
    dula = 0;
    wela = 1;
    P0 = 0xef;
    wela = 0;
    dula = 1;
    P0 = table[shi];
    dula = 0;
    delay(1);
    dula = 1;
    P0 = 0x00;                  //关位码
    dula = 0;
    dula = 1;
    P0 = table[ge];
    dula = 0;
    wela = 1;
    P0 = 0xdf;
    wela = 0;
    delay(1);
    dula = 1;
    P0 = 0x00;                  //关位码
    dula = 0;
  }
// ************************************************************
void main()
{
     uint distance;
     test  = 0;
     Trig = 0;                  //首先拉低脉冲输入引脚
     EA = 1;                    //打开总中断 0
     TMOD = 0x10;               //定时器 1,16 位工作方式
     while(1)
     {
        EA = 0;                 //关总中断
```

```
    Trig = 1;                //超声波输入端
    delay_20us();            //延时 20us
    Trig = 0;                //产生一个 20us 的脉冲
    while(Echo = = 0);       //等待 Echo 回波引脚变高电平
    succeed_flag = 0;        //清测量成功标志
    EA = 1;
    EX0 = 1;                 //打开外部中断 0
    TH1 = 0;                 //定时器 1 清零
    TL1 = 0;                 //定时器 1 清零
    TF1 = 0;                 //计数溢出标志
    TR1 = 1;                 //启动定时器 1
    delay(20);               //等待测量的结果
    TR1 = 0;                 //关闭定时器 1
    EX0 = 0;                 //关闭外部中断 0
   if(succeed_flag = = 1)
   {
     time = timeH * 256 + timeL;
     distance = time * 0.172;//厘米
     display(distance);
   }
  if(succeed_flag = = 0)
   {
     distance = 0;           //没有回波则清零
     test = ! test;          //测试灯变化
   }
  }
}
// ************************************************************
//外部中断 0,用做判断回波电平
void exter( )  interrupt 0       // 外部中断 0 是 0 号
 {
   timeH = TH1;              //取出定时器的值
   timeL = TL1;              //取出定时器的值
   succeed_flag = 1;         //至成功测量的标志
   EX0 = 0;                  //关闭外部中断
```

```
}
// ************************************************************
//定时器 1 中断,用做超声波测距计时
void timer1( ) interrupt 3          //
    {
        TH1 =0;
        TL1 =0;
    }
```

三、单片机测温电路的设计

单片机系统除了可以对电信号进行测量外,还可以通过外接传感器对温度信号进行测量。传统的温度检测大多以热敏电阻为传感器,但热敏电阻可靠性差、测量的温度不够准确,且必须经专门的接口电路转成数字信号后才能被单片机处理。DS18B20 是一种集成数字温度传感器,采用单总线与单片机连接即可实现温度的测量。本节内容在先介绍 DS18B20 的工作原理、时序和指令后,然后设计完成一个数字温度计。温度计功能要求采用数码管显示温度,小数点后两位有效数字,实际温度高于某个值时用蜂鸣器报警。

1. DS18B20 工作原理

DS18B20 是美国 DALLAS 半导体公司推出的第一片支持“一线总线”接口的温度传感器,它具有微型化、低功耗、高性能、抗干扰能力强、易配微处理器等优点,可直接将温度转化成串行数字信号供单片机处理,可实现温度的精度测量与控制。DS18B20 性能特点见表 8.1 所示。

表 8.1　DS18B20 性能指标

性能	参数	备注
电源	电压范围在 3.0 ~ 5.5V,在寄生电源方式下可由数据线供电	
测温范围	-55℃ ~ +125℃,在 -10℃ ~ +85℃时精度为 ±0.5℃	
分辨率	9 ~ 12 位,分别有 0.5℃、0.25℃、0.125℃和 0.0625℃	编程控制
转换速度	在 9 位分辨率时,小于 93.75ms; 12 位分辨率时, 小于 750ms	
总线连接点	理论 2^{48},实际视延时、距离和干扰限制,最多几十个	

(1)封装外形。

根据应用领域不同,DS18B20 有常见的引脚 TO-92 小体积封装和 SOP8 封装,见图 8.10 所示。表 8.2 给出了 TO-92 封装的引脚功能,其中 DQ 引脚是该传感器的数据输入/输出端(I/O),该引脚为漏极开路输出,常态下呈高电平。DQ 引脚是该器件与单片机连接进行数据传输单一总线,单总线技术是 DS18B20 的一个特点。

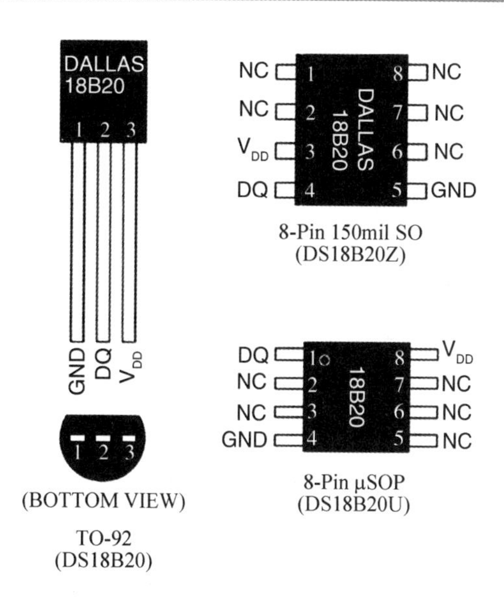

图 8.10 DS18B20 的外形及引脚排列

表 8.2 DS18B20 引脚功能描述

引脚序号	名称	描述
1	GND	地信号
2	DQ	数据输入输出(I/O)引脚
3	Vdd	电源输入引脚,当工作于寄生电源模式时,此引脚必须接地

(2)工作原理。

DS18B20 的内部主要包括寄生电源、温度传感器、64 位激光 ROM 单线接口、存放中间数据的高速贮存器、用于存储用户设定的温度上下限值、触发器存储与控制逻辑、8 位循环冗余校验码发生器等 7 部分。

高速寄存器 RAM 由 9 个字节的存储器组成,见表 8.3 所示。其中,第 0、1 字节是温度转换有效位,第 0 字节的低 3 位存放了温度的高位,高 5 位存放温度的正负值;第 1 字节的高 4 位存放温度的低位,后 4 位存放温度的小数部分;第 2 和第 3 个字节是 DS18B20 与内部 E2PROM 有关的 TH 和 TL,用来存储温度上限和下限,可以通过程序设计把温度的上下限从单片机中读到 TH 和 TL 中,并通过程序再复制到 DS18B20 内部 E2PROM 中,同时 TH 和 TL 在器件加电后复制 E2PROM 的内容;第 4 个字节是配置寄存器,第 4 个字节的数字也可以更新;第 5、6、7 三个字节是保留的。

表 8.3 高速寄存器 RAM

字节地址编号	寄存器内容	功能
0	温度值低位(LSB)	高 5 位是温度的正负号,低 3 位为温度的高位
1	温度值高位(MSB)	高 4 位为温度的低位,低 4 位为温度小数部分

续表

字节地址编号	寄存器内容	功能
2	高温度值(TH)	设置温度上限
3	低温度值(TL)	设置温度下限
4	配置寄存器	
5	保留	
6	保留	
7	保留	
8	CRC 校验值	

(3)硬件连接。

DS18B20 是单片机外设,单片机为主器件,DS18B20 为从器件。图 8.11 的接法是单片机与一个 DS18B20 通信,单片机只需要一个 I/O 口就可以控制 DS18B20,为了增加单片机 I/O 口驱动的可靠性,总线上接有上拉电阻。对如果要控制多个 DS18B20 进行温度采集,只要将所有 DS18B20 的 DQ 全部连接到总线上就可以了,在操作时,通过读取每个 DS18B20 内部芯片的序列号来识别。

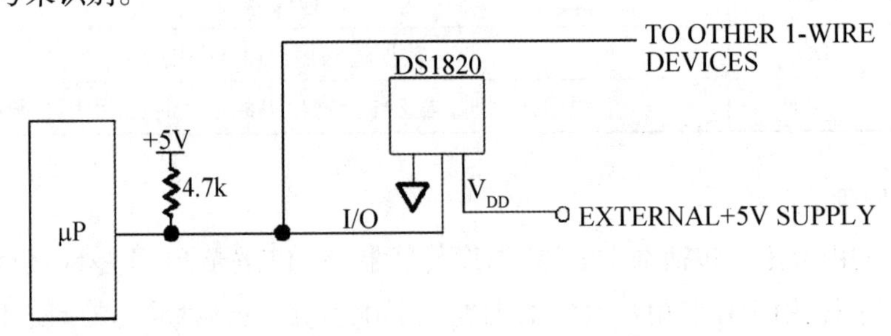

图 8.11 单片机与一个 DS18B20 通信

①DS18B20 工作时序。

单总线协议规定一条数据线传输串行数据,时序有严格的控制,对于 DS18B20 的程序设计,必须遵守单总线协议。DS18B20 操作主要分初始化、写数据、读数据。下面分别介绍操作步骤。

初始化是单片机对 DS18B20 的基本操作,时序见图 8.12,主要目的是单片机感知 DS18B20 存在并为下一步操作做准备,同时启动 DS18B20,程序设计根据时序进行。DS18B20 初始化操作步骤为:

· 先将数据线置高电平 1,然后延时(可有可无)。

· 数据线拉到低电平 0,然后延时 750μs(该时间范围可以在 480 ~ 960μs),调用延时函数决定。

· 数据线拉到高电平 1。如果单片机 P1.0 接 DS18B20 的 DQ 引脚,则 P1.0 此时设置高电平，称为单片机对总线电平管理权释放。此时，P1.0 的电平高低由 DS18B20 的 DQ 输出决定。

· 延时等待。如果初始化成功，则在 15 ~ 60ms 总线上产生一个由 DS18B20 返回的低电平 0，据该状态可以确定它的存在。但是应注意，不能无限地等待，不然会使程序进入死循环，所以要进行超时判断。

· 若单片机读到数据线上的低电平 0，说明 DS18B20 存在并相应，还要进行延时，其延时的时间从发出高电平算起（第 5 步的时间算起），最少要 480μs。

· 将数据线再次拉到高电平 1，结束初始化步骤。

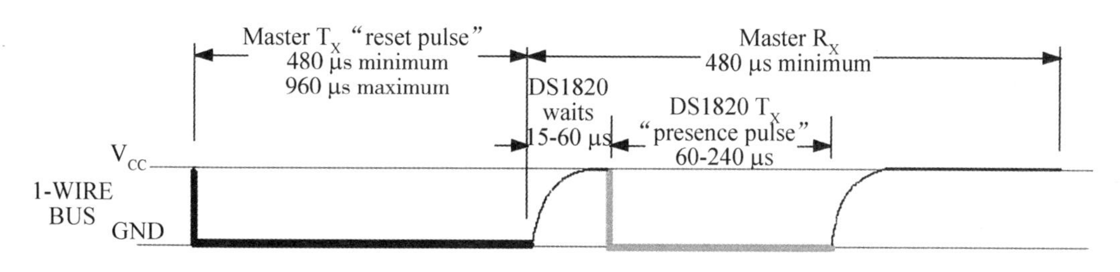

图 8.12　DS18B20 初始化时序

从单片机对 DS18B20 的初始化过程来看，单片机与 DS18B20 之间的关系如同人与人之间对话，单片机要对 DS18B20 操作，必须先证实 DS18B20 的存在，当 DS18B2 响应后，单片机才能进行下面的操作。

②对 DS18B20 写数据。

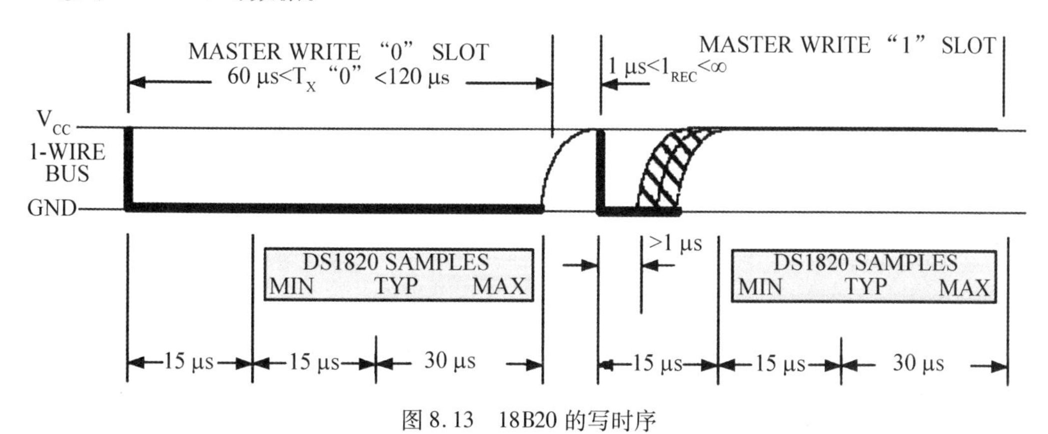

图 8.13　18B20 的写时序

· 数据线先置低电平 0，数据发送起始信号，时序见图 8.13。

· 延时确定的时间为 15μs。

· 按低位到高位顺序发送数据（一次只发送一位）。

· 延时时间为 45μs，等待 DS18B20 接收。

· 将数据线拉到高电平 1，单片机释放总线。

· 重复前 5 个步骤，直到发送完整个字节。

· 最后将数据线拉高，单片机释放总线。

③DS18B20 读数据。

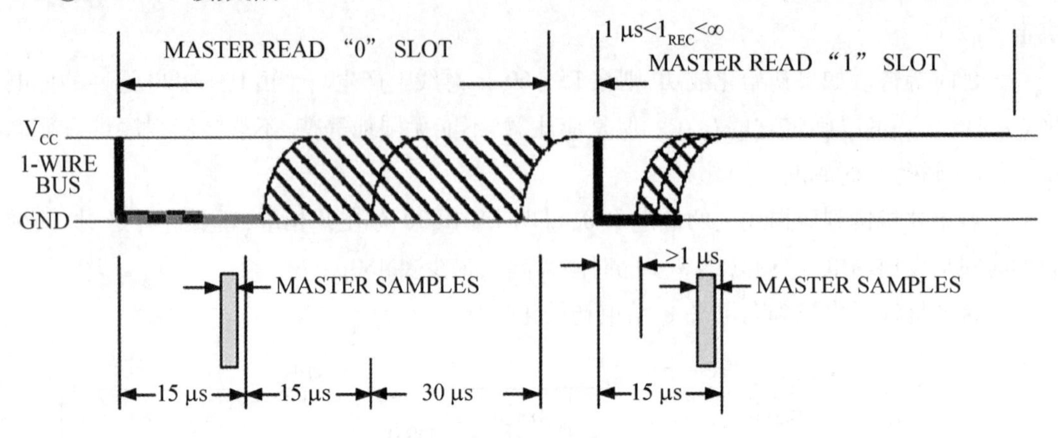

图 8.14　18B20 的读时序

· 将数据线拉高,时序图见图 8.14 所示。

· 延时 2 μs。

· 将数据线拉低到 0。

· 延时 6 μs,延时时比写数据时间短。

· 将数据线拉高到 1,释放总线。

· 延时 4 μs。

· 读数据线的状态得到一个状态位,并进行数据处理。

· 延时 30 μs。

· 重复前 8 个步骤,直到读取完一个字节。

只有在熟悉了 DS18B20 操作时序后,才能对器件进行编程。由于 DS18B20 有器件编号,温度数据有低位高位,另外还有温度的上限,读取的数据较多,所以 DS18B20 提供了自己的指令。

2. DS18B20 指令

(1)ROM 操作指令。

DS18B20 指令主要有 ROM 操作指令、温度操作指令两类。ROM 操作指令主要针对 DS18B20 的内部 ROM。每一个 DS18B20 都有自己独立的编号,存放在 DS18B20 内部 64 位 ROM 中。ROM 内容见表 8.4 所示。64 位 ROM 中的序列号是出厂前已经固化好,它可以看作该 DS18B20 的地址序列码。其各位排列顺序是,开始 8 位为产品类型标号,接下来 48 位是该 DS18B20 自身的序列号,最后 8 位是前面 56 位的 CRC 循环冗余校验码(CRC = X8 + X5 + X4 + 1)。ROM 的作用是使每一个 DS18B20 都各不相同,这样就可以实现一条总线上挂接多个 DS18B20 的目的。ROM 操作指令见表 8.5。

表 8.4　64 位 ROM 定义

8 位 CRC 码	48 位序列号	8 位产品类型标号

表 8.5　ROM 操作指令

指令代码	作　用
33H	读 ROM。读 DS18B20 温度传感器 ROM 中的编码(即 64 位地址)
55H	匹配 ROM。发出此命令之后,接着发出 64 位 ROM 编码,访问单总线上与该编码相对应的 DS18B20 并使之做出响应,为下一步对该 DS18B20 的读/写做准备
F0H	搜索 ROM。用于确定挂接在同一总线上 DS18B20 的个数,识别 64 位 ROM 地址,为操作各器件做好准备
CCH	跳过 ROM。忽略 64 位 ROM 地址,直接向 DS18B20 发温度变换命令,适用于一个从机工作
ECH	报警搜索命令。执行后只有温度超过设定值上限或下限的芯片才做出响应

在实际应用中,单片机需要总线上的多个 DS18B20 中的某一个进行操作时,事前应将每个 DS18B20 分别与总线连接,先读出其序列号,然后再将所有的 DS18B20 连接到总线上,当单片机发出匹配 ROM 命令(55H),紧接着主机提供的 64 位序列找到对应的 DS18B20 后,之后的操作才是针对该器件的。

如果总线上只存在一个 DS18B20,就不需要读取 ROM 编码以及匹配 ROM 编码了,只要跳过 ROM(CCH)命令,就可进行如下温度转换和读取操作。

(2)温度操作指令。

温度操作指令见表 8.6 所示,DS18B20 在出厂时温度数值默认为 12 位,其中最高位为符号位,即温度值共 11 位,单片机在读取数据时,依次从高速寄存器第 0、1 地址读 2 字节共 16 位,读完后将低 11 位的二进制数转转换为实际温度值。0 地址对应的 1 个字节的前 5 个数字为符号位,这 5 位同时变化。前 5 位为 1 时,读取的温度为负值;前 5 位为 0 时,读取的温度为正值,且温度为正值时,只要将测得的数值乘以 0.0625 即可得到实际温度值。

表 8.6　温度操作指令

指令代码	作　用
44H	启动 DS18B20 进行温度转换,12 位转换时最长为 750 ms(9 位为 93.75 ms),结果存入内部 9 字节的 RAM 中
BEH	读暂存器。读内部 RAM 中 9 字节的温度数据
4EH	写暂存器。发出向内部 RAM 的第 2、3 字节写上、下限温度数据命令,紧跟该命令之后,是传送两字节的数据
48H	复制暂存器。将 RAM 中第 2、3 字节的内容复制到 E^2PROM 中
B8H	重调 E^2PROM。将 E^2PROM 中内容恢复到 RAM 中的第 3、4 字节
B4H	读供电方式。读 DS18B20 的供电模式。寄生供电时,DS18B20 发送 0;外接电源供电时,DS18B20 发送 1

3. 硬件连接

STC89C51 单片机和 DS18B20 的硬件连接如图 8.15 所示，单片机的 P10 和 DS18B20 的数据口相连接。单片机通过 P10 口对 DS18B20 进行初始化，DS18B20 将转换后的数字温度值通过 P10 口传给单片机。

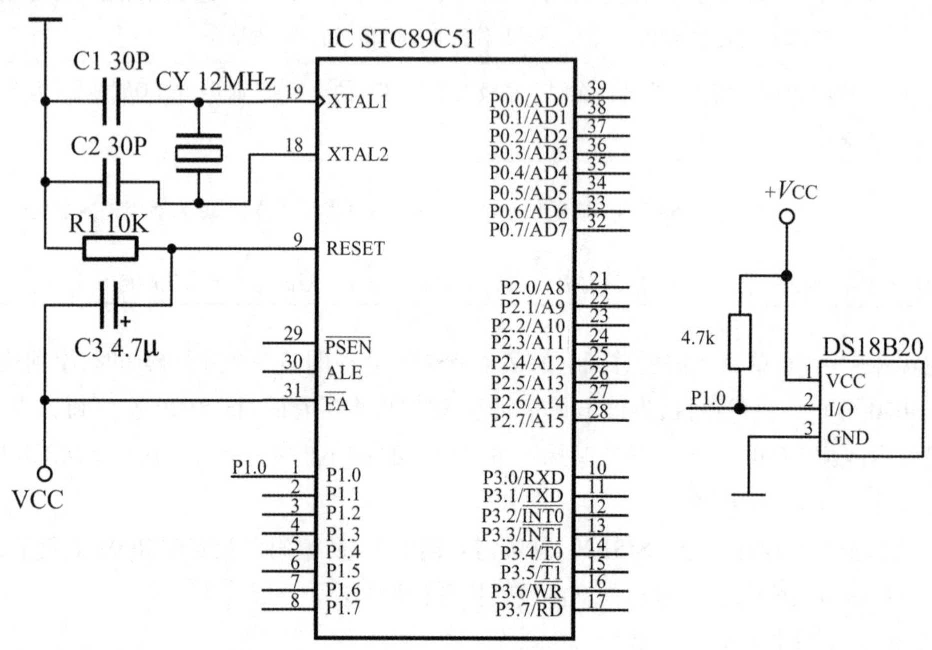

图 8.15 DS18B20 硬件连接图

4. 程序设计

编程思路：首先单片机通过 I/O 口调用初始化函数 Init_DS18B20( )对 DS18B20 按照初始化时序进行初始化，启动温度的转换，再将转换后的数字传给单片机，单片机通过计算将数字温度转换成实际的温度值，通过数码管显示出来，数码管显示采取在定时器 0 中动态显示，P0 端驱动共阳七段数码管，P20 ~ P25 端通过非门接共阳数码管的公共端。应用程序清单如下：

```
/ ****************************************************************
    程序描述：温度超过 35 度，继电器吸合
P0 端驱动共阳七段数码管，P2 端接共阳数码管的公共端
**************************************************************** /
#include <reg51.h>
#define uchar unsigned char
#define uint unsigned int
sbit DQ = P1^0;              //DS18B20 的 DQ 和单片机的 P10 脚连接
sbit jdq = P2^6;             //继电器的控制端和单片机的 P26 脚连接
code uchar seven_seg[ ] = {0xc0,0xf9,0xa4,0xb0,0x99,0x92,0x82,0xf8,0x80,0x90};
```

```
code uchar seven_bit[ ] = {0xfe,0xfd,0xfb,0x7f};
uchar a,b,c,d,i,T;
/ ******************* 延迟函数 ******************* /
void delay(uint x)
{
while(x)
x - - ;
}
/ ************** 初始化 DS18B20 函数 *********** /
Init_DS18B20(void)
{
    unsigned char x  =  0;
    DQ  =  1;                //DQ 复位
    delay(8);                //稍做延时
    DQ  =  0;                //单片机将 DQ 拉低
    delay(80);               //精确延时 大于 480 μs
    DQ  =  1;                //拉高总线
    delay(14);
    x  =  DQ;                //稍做延时后 如果 x =0 则初始化成功 x =1 则初始化失败
    delay(20);
}
/ ******************* 从 18B20 中读一个字节 *************** /
uchar read_OneChar(void)
{
    uchar i =0;
    uchar dat =0;
    for (i =8;i >0;i - - )
    {
    DQ =0;                   // 给脉冲信号
    dat > > =1;
    DQ =1;                   // 给脉冲信号
    if(DQ)
    dat| =0x80;
    delay(4);
    }
```

```
    return(dat);
}
/*********************** 向18B20中写一个字节 ***************/
void write_OneChar(uchar dat)
{
    uchar i =0;
    for (i =8;i >0;i - - )
    {
    DQ =0;
    DQ = dat&0x01;
    delay(5);
    DQ =1;
    dat > > =1;
    }
    delay(4);
}
/************************ 读取温度 *************************/
uchar Read_Temperature(void)
{
    uchar i  =  0,t  =  0;
    Init_DS18B20();
    Write_OneChar(0xcc);     // 跳过读序列号的操作
    Write_OneChar(0x44);     // 启动温度转换
    Init_DS18B20();
    Write_OneChar(0xcc);     //跳过读序列号的操作
    Write_OneChar(0xbe);     //读取温度寄存器等(共可读9个寄存器),前两个就是温度
    i = Read_OneChar();      //读取温度值低位
    t = Read_OneChar();      //读取温度值高位
    a =i & 0x0f;
    b =t;
    i =i>>4;                 //低位右移4位,舍弃小数部分
    t =t<<4;                 //高位左移4位,舍弃符号位
    t =t | i;
    return(t);
}
```

```
/ ******************** T0 初始化函数 **************** /
void timer0_init( void)
{
   TMOD  =  0x01;
   TH0  =  (65536 -5000)/256;    //0xec;
   TL0  =  (65536 -5000)%256;   //0x78;
   TR0  =  1;
   EA  =  1;
VET0  =  1;
}
/ ****************** 中断函数 *********************** /
void timer0_isr( void)  interrupt 1
{
   uchar j;
   TR0 =0;
   EA =0;
   TH0 =0xec;
   TL0 =0x78;
   TR0 =1;
   EA =1;
   i + +;
   if( i = =200)    //刚好 1 秒
   {
   T = Read_Temperature( );
   i =0;
   }
   switch( j)
   {
   case 0:P0 = seven_seg[ a * 10/16 ] ;break;
   case 1:P0 =0x7f & seven_seg[ T% 10 ] ;break;
   case 2:P0 = seven_seg[ T/10 ] ;break;
   case 3:if( b&0x80 = =0x80)  P0 =0xbf;break;
   }
   P2 = seven_bit[ j] ;
   j + +;
```

```
    if(j = =3)j =0;
}
void main(void)
{
    Init_DS18B20();
    timer0_init();
    while(1)
    {
    if(T > =35)    jdq =0;
    else jdq =1;
    }
}
```

程序运行效果如图 8.16 所示

图 8.16　用 DS18B20 显示当前温度的效果图

习 题

1. 单片机开发系统的功能有哪些?

2. 常用的单片机开发系统有哪些类型? 各有什么特点?

3. 单片机应用系统的设计原则是什么? 软、硬件设计的步骤是什么?

4. 通常采用硬件抗干扰的措施有哪些? 软件抗干扰的措施有哪些?

5. 试设计一个单片机温度控制系统,要求:

①温度分三档:第一档为室温,第二档为40℃,第三档为50℃。温度控制误差≤±2℃。

②升温由3台1000W电炉实现。已知3台电炉同时工作,可保证在3分钟内将温室温度提高到60℃以上。

③要求实时显示温室温度,显示位数3位。

④当不能保证所有要求的温度范围时,应发出报警信号。

⑤对升温和降温过程的时间不作要求。

参 考 文 献

[1]胡汉才.单片机原理及接口技术.第2版.北京:清华大学出版社,2004.

[2]赵嘉蔚,张家栋,等.单片机原理与接口技术.北京:清华大学出版社,2010.

[3]李朝青.单片机原理及接口技术.北京:北京航空航天大学出版社,2005.

[4]李全利.单片机原理及应用技术.北京:高等教育出版社,2004.

[5]徐惠民,安德宁.单片微型计算机原理、接口及应用.北京:北京邮电大学出版社,2001.

[6]王元一,石永生,等.单片机接口技术与应用.北京:清华大学出版社,2014.

[7]张毅刚.单片机原理及接口技术(C51编程).北京:人民邮电出版社,2011.

[8]谢维成,杨加国.单片机原理与应用及C51程序设计.第2版.北京:清华大学出版社,2009.

[9]李建忠.单片机原理及应用.第2版.西安:西安电子科技大学出版社,2008.

[10]彭伟.单片机C语言程序设计实训100例.北京:电子工业出版社,2012.

[11]林立.单片机原理及应用.北京:电子工业出版社,2009.

[12]谭浩强.C语言程序设计.北京:清华大学出版社,1991.

[13]刘守义,杨宏丽,等.单片机应用技术.西安:西安电子科技大学出版社,2004.

[14]马忠梅,籍顺心,等.单片机的C语言应用程序设计.第4版.北京:北京航空航天大学出版社,2007.

[15]张欣,孙宏昌,等.单片机原理与C51程序设计基础教程.北京:清华大学出版社,2010.